分布式光伏电站运维技术

国家重点研发项目计划"分布式光伏运维系统智慧运维技术"项目组　组编

来广志　谢祥颖　等　著

中国水利水电出版社
www.waterpub.com.cn
·北京·

内 容 提 要

本书共分为 9 章，第 1 章介绍了分布式光伏电站运维背景；第 2 章介绍了高精度气象数据预测；第 3 章介绍了多源异构数据集成，第 4 章介绍了智能故障诊断与预警，包括智能故障诊断技术和云端智能检测方法；第 5 章介绍了智慧巡检方法，主要是针对光伏组件常见的遮挡、热斑以及隐裂问题进行的检测，第 6 章介绍了分布式光伏云网架构；第 7 章主要是对分布式光伏电站运维技术与管理服务体系的介绍；第 8 章介绍了分布式光伏电站运维商业模式，第 9 章介绍了分布式光伏扶贫电站商业模式。

本书可供从事光伏电站运行与维护及光伏电站工程应用方面的工程人员参考，也可供能源类相关专业师生参考学习。

图书在版编目（CIP）数据

分布式光伏电站运维技术 / 来广志等著 ；国家重点研发项目计划"分布式光伏运维系统智慧运维技术"项目组组编. -- 北京：中国水利水电出版社，2022.8
ISBN 978-7-5226-0943-0

Ⅰ．①分… Ⅱ．①来… ②国… Ⅲ．①光伏电站－运行②光伏电站－维修 Ⅳ．①TM615

中国版本图书馆CIP数据核字(2022)第153225号

书　　　名	**分布式光伏电站运维技术** FENBUSHI GUANGFU DIANZHAN YUNWEI JISHU
作　　　者	国家重点研发项目计划"分布式光伏运维系统智慧运维技术"项目组　组编 来广志　谢祥颖　等 著
出 版 发 行	中国水利水电出版社 （北京市海淀区玉渊潭南路 1 号 D 座　100038） 网址：www.waterpub.com.cn E-mail：sales@mwr.gov.cn 电话：(010) 68545888（营销中心）
经　　　售	北京科水图书销售有限公司 电话：(010) 68545874、63202643 全国各地新华书店和相关出版物销售网点
排　　　版	中国水利水电出版社微机排版中心
印　　　刷	天津嘉恒印务有限公司
规　　　格	184mm×260mm　16 开本　9.25 印张　225 千字
版　　　次	2022 年 8 月第 1 版　2022 年 8 月第 1 次印刷
定　　　价	**78.00 元**

目前光伏发电系统从规模上主要分为集中式和分布式两种。集中式光伏发电是指将光伏电站生产的电能直接输送给公共电网，由公共电网经过统一调配后供用户使用。整个过程与大电网保持单向电力交换，且电压等级在10kV以上。一般情况下，集中式光伏发电需要依赖长距离输电线路送电入网，由于供电量较大，存在着电压跌落、输电线路损耗、无功补偿等问题；此外，大容量的光伏电站由多台变换装置组合实现，这些装置协同工作、信息系统、远程处理等技术尚不成熟。

分布式光伏发电特指在用户场地附近建设，运行方式以用户侧自发自用、多余电量上网，且在配电系统平衡调节为特征的光伏发电设施。它是一种新型的、具有广阔发展前景的发电和能源综合利用方式，它倡导就近发电、就近并网、就近转换、就近使用的原则，不仅能够有效提高同等规模光伏电站的发电量，同时还有效解决了电力在升压及长途运输中的损耗问题。因此，分布式光伏发电的发展是对当前发电系统的极大提升。

分布式光伏电站具有以下特点：一是输出功率相对较小。一般而言，一个分布式光伏发电项目的容量在数千瓦以内。与集中式光伏电站不同，分布式光伏电站的大小对发电效率的影响很小，因此对其经济性的影响也很小，小型光伏系统的投资收益率并不会比大型的低。二是污染小，环保效益突出。分布式光伏电站在发电过程中，没有噪声，也不会对空气和水产生污染。三是能够在一定程度上缓解局部地区的用电紧张状况。但是，分布式光伏发电的能量密度相对较低，每平方米分布式光伏发电系统的功率仅约100W，再加上适合安装光伏组件的地点有限，不能从根本上解决用电紧张问题。四是可以发电用电并存。大型地面集中式光伏电站是升压接入输电网，仅作为发电电站而运行；而分布式光伏发电是接入配电网，发电、用电并存，且要求尽可能地就地消纳。

近年来，我国分布式光伏电站发展较快，2015年的分布式光伏电站装机容量仅606万kW，至2021年达到1.075亿kW。从结构来看，分布式光伏电站装机容量占总光伏电站装机的比例从2015年的14%提升至2021年35.1%。我国分布式光伏发电连续5年位居世界第一，分布式光伏发电近三年呈现爆发式增长。

然而，在分布式光伏发电广泛应用的同时，光伏电站故障频发成为了光伏产业发展亟待解决的问题。相较于集中式光伏电站在较大面积的平面、山地、荒地等土地上建造并统一维护，分布式光伏电站由于选址偏僻、光伏设备数量多，巡检时需耗费大量的人力物力。分布式光伏电站故障预警与识别能力较差，当设备发生故障时，传统的光伏电站故障检测方法不能准确指出故障类型，往往需要检修人员再次确认，增加维护的时间成本，这不仅会影响光伏设备的使用寿命，也极大地降低了光伏电站的发电收益。除此之外，分布式光伏系统容易受到随机的、不可控的天气变化的影响，其输出功率具有明显的间歇性和随机性，这将造成光伏电站供电的不确定性。这种高不确定性将增加电网调度发生意外混乱的可能性，从而导致电网电压和频率超过安全运行极限，降低电网的可靠性和安全性。

近年来，分布式光伏电站智慧运维方案的各方面工作都在有序开展。针对分布式光伏电站数量多、范围大、分散广，缺乏有效监管和运行维护难度大等问题，研究机构开展了大规模分布式光伏系统监测及运维大数据分析等关键技术研究。研究分布式光伏电站运维技术，可以统筹优化调度多种运维资源，并且降低分布式站点运维人员的技术要求，提升运维资源调度的效率和效益。

要做好分布式光伏电站运维，首先，应该准确预报光伏电站周围小区域气象因子，这可以更好地评估光伏电站发电计划和运行状态。其次，数据是做好运维工作的基础，在分布式光伏电站运维过程中有结构化数据和非结构化数据，应对多元异构数据进行预处理并集成，运用到实际运维的过程中，提升运维效率。在数据支撑的基础上，通过人工智能算法可以检测分布式光伏电站以及云端是否有故障发生，从而第一时间发现故障，与人工检测相比较，效率得到极大提升。通过数据监测到有故障发生之后，利用智慧巡检，采用特定于某一种故障的算法确定当前故障是否属于某一类，从而确定故障的具体类型，实现精准运维。最后，由以上的技术作为支持，建立分布式光伏云网，实现开放共享、安全可靠的云平台，通过"云—端"协同统一协调运维资源，快速、高效、准确地实现分布式光伏电站运维。除了需要智能运维技术以外，完善的分布式光伏电站运维技术与管理服务体系必不可少，这为智能运维方案的实施提供有力保障。此外，为更好地推行分布式光伏电站运维方案，需要研究对应的商业模式，通过分析行业现状以及对运维资源的整合，可以设计一套完整的分布式光伏电站运维商业模式，并投入市场使用。此外，为响应国家扶贫政策，针对扶贫地区的具体情况，设计符合实际需求的光伏扶贫商业模式，进一步提升分布式光伏电站运维的意义和价值。

做好分布式光伏电站运维，需要结合分布式光伏电站运维的要求，一方面实现分布式光伏电站智能监管，规范光伏行业相关标准，优化光伏服务业务流程；另一方面服务国家能源转型，为政府决策提供支持，营造良好的光伏厂商生态环境，带动光伏乃至整个新能源产业发展，服务相关智库及客户。

本书梳理了分布式光伏电站运维的背景、发展现状和难点，给出了一些数据预测模型以及故障诊断和运维方案，介绍了分布式光伏电站运维技术与管理服务体系，最后，本书还对分布式光伏电站运维商业模式和分布式光伏扶贫电站商业模式的现状进行了分析。

全书共分为9章，其中：第1章介绍了分布式光伏电站运维背景；第2章介绍了高精度气象数据预测；第3章介绍了多源异构数据集成；第4章介绍了智能故障诊断与预警，包括智能故障诊断技术和云端智能检测方法；第5章介绍了智慧巡检方法，主要是针对光伏组件常见的遮挡、热斑以及隐裂问题进行的检测；第6章介绍了分布式光伏云网架构；第7章主要是对分布式光伏电站运维技术与管理服务体系的介绍；第8章介绍了分布式光伏电站运维商业模式，第9章介绍了分布式光伏扶贫电站商业模式。

在本书的编写过程中，北京航空航天大学、东南大学、北京北控智科能源互联网有限公司、旻投电力发展有限公司、华中科技大学等单位给予了大力支持，提出了宝贵意见，在此表示衷心的感谢。

另外，还要特别感谢国家电网有限公司数字化工作部、科技创新部、发展策划部、财务资产部、安全监察部、市场营销部、物资管理部、产业发展部、法律合规部、国家电力调度控制中心、北京电力交易中心有限公司，以及国网宁夏电力有限公司、国网辽宁省电力有限公司、国网青海省电力公司、国网甘肃省电力公司、国网北京市电力公司、国网四川省电力公司、国网湖南省电力有限公司、国网山西省电力公司、国网山东省电力公司、国网冀北电力有限公司、国网浙江省电力有限公司、国网吉林省电力有限公司等，还要感谢国家电网有限公司信息通信分公司、国家电网有限公司客户服务中心对本书的有力支持。

由于时间仓促、作者水平有限，书中难免存在不足之处，欢迎广大专家、读者提出宝贵意见和建议。

编者

2022 年 1 月于北京

目录

第1章 分布式光伏电站运维背景

1.1 运 维 的 意 义

能源是经济社会的血液，为经济社会发展提供了稳定的动力保障，带动了经济社会快速发展和民生持续改善，推动着工业革命与城市文明的变迁。但也带来了资源紧张、大气污染、气候变化、交通拥堵等严峻问题。

20世纪90年代以来，化石能源的使用导致了严重的环境污染问题。化石能源具有不可再生性，随着能源危机的爆发，世界各国逐渐将目光转移到可再生能源上。新能源具有环境友好、可再生等特点，已经成为整个能源供应系统的有效补充手段，也是满足人类社会可持续发展需要的最终能源选择。太阳能资源是取之不尽、用之不竭的清洁能源，光伏发电是目前使用太阳能最广泛、有效的利用方式。

2014年6月，习近平总书记提出"四个革命、一个合作"能源安全新战略，提出了能源生产和消费革命的"中国思想"，为我国能源转型指明了方向。与煤电、水电、风电、核电等相比，太阳能是取之不尽用之不竭的天然的清洁、安全、可靠的能源，在未来的新能源开发中成为首选的新能源，可再生能源光伏发电技术因其具可持续发展的理想特征，已受到全球的普遍高度重视。

随着我国新能源产业的不断发展，以新能源为支点的能源转型已经逐步实现从补充电源向替代电源的转变。大力发展太阳能发电、风电等新能源是国家推动能源转型发展的重大战略。2018年，全世界范围内新能源发电装机量超过到10亿kW，我国新能源总装机量也超过3.6亿kW。2019年，我国新能源发电量上涨幅度超过15%，其中新能源利用率上涨2.4%。到2020年清洁能源的消费比重达到15%，并预计在2030年达到20%，到2050年，预计新能源的消费比重会超过50%。而且以太阳能光伏为核心的新能源电站建设和应用将呈现更加迅猛的发展势头。

近年来，太阳能发电技术趋于成熟，由于太阳能发电具有能源易获取、操作简单、转换效率高、环境友好的特点，所以太阳能成为目前世界各国使用最多的一种可再生能源。光伏发电使用太阳能电池板吸收光能，通过光伏效应产生电流，是太阳能发电的重要方式，21世纪初，由于光伏材料价格昂贵，光伏电站未能大面积普及。近几年来，随着光伏材料研发技术的进步，光伏产业迅速发展。世界各国都在积极建设光伏电站，光伏发电成为世界各国应对能源危机的有效手段。

同时，电力工业已成为影响世界社会经济发展的最重要因素，并越来越受到各国的关注。电力系统基于发电、传输、配电与营销三个层次，其中发电是极其重要的部分。不准确的电力需求预测会增加公用事业公司的运营成本，特别是在市场环境下，因为如果低估了预测值,就会导致停电、负荷下降等不利因素,影响企业利润,而当预测被高估时,会导致多余发电,但电力不能大量储存,本来可以转化为效益的过剩电力就会被浪费掉。传统发电系统预测不准确导致的供需失衡促进了先进通信技术和传统电网的融合,即智能电网。同时,随着近期电力系统中电动汽车、智能客户、可再生能源等这些新面孔的出现,电力需求预测再次受到特别关注。例如,光伏(PV)系统作为一种前景广阔的可再生能源系统,在发电中占比越来越大,成为当今增长最快的发电技术。

而目前分布式光伏电站运维仍然存在很多问题。首先,运维团队技术、管理空白。分布式光伏电站的设备相对于传统的水电、火电、风电和地面光伏电站来说设备复杂性较低,装机容量小,效益没有那么明显。通常投资主体配置的运维人员也较少,现场几个人成立的运维管理机构为了满足日常运维工作,一般需要担任运行人员、维护人员、安全培训教育、设备盘点采购、办公室各类文件处理、后勤保障,对外协调发展改革委、供电局、税务局、设备厂家供应商售后服务,司机、安保保洁等一个企业运营所需要的全部工作。这给运维质量带来很大的阻碍,运维技术难以得到专业化。其次,经验积累较少。大量屋顶分布式光伏电站短期内的连续建设运行,行业内专业的运行维修人员配备不足,大多数的运行维修人员缺乏基本的现场运行维修经验,由于光伏电站属新兴发电形式,运行维修员工并无光伏电站的维修经验,同时也没有较为系统成熟的光伏电站运维管理体系可以学习借鉴。短时间内无法得到较充足的经验积累。

完善分布式光伏电站运维有助于实现建筑领域的绿色低碳发展。从目前来看,除了少量的建筑安装了太阳能热水系统和地源热泵,可为建筑提供一定供热、供冷和热水的能源供应外,主要能耗主体电力主要依靠城市电网供电。分布式光伏促使建筑由高能耗建筑向近零能耗发展,并成为全球建筑领域的大趋势。

分布式光伏规模化发展将促使"光伏+储能"应运而生,从而将拉动储能产业规模化发展,扩大就业机会,为我国经济、社会健康发展带来新的增长点。利用智能微电网供电和分布式储能技术,可以从根本上解决建筑电力负荷与光伏发电出力时间和空间上不吻合的问题,彻底扭转目前建筑用电完全依赖电网的局面。

1.2　运维的发展现状

1.2.1　运维行业现状

从全球范围来看,太阳能光伏发电作为一种清洁、低碳、同时具有价格优势的能源形式,不仅在欧美日等发达国家和地区,而且在中东、南美等地区国家也快速兴起。在光伏发电成本持续下降和全球绿色复苏等有利因素的推动下,全球光伏市场将快速增长。在光伏发电的装机容量增长中,分布式光伏发电装机容量的增长越来越显著。根据国际能源署(International Energy Agency,IEA)预测,到 2025 年,光伏发电将占可再生能源新增装机容量的 60%,其中全球分布式光伏发电装机容量将占光伏发电总装机量的近一半。从细分领域来看,分布式光伏发电的增长动力将主要来源于工商业应用需求。

2020 年,国内光伏发电新增装机容量 48.2GW,创历史第二高,同比增长 60.08%。其中集中式光伏电站装机容量新增 32.68GW,分布式光伏电站装机容量新增 15.52GW。

截至 2020 年底，国内累计光伏发电装机容量为 252.5GW，其中集中式光伏电站为 174.19GW，分布式光伏电站为 78.31GW。分布式光伏电站装机容量占比达到了 31.01%。2021 年，在硅料紧缺、组件价格持续上涨的背景下，国内整体光伏电站装机容量有所放缓，但是分布式光伏电站装机需求旺盛。2021 年前三季度国内新增集中式光伏电站装机容量 9.15GW，同比下滑 8.9%；分布式光伏电站装机容量 16.41GW，同比增长 89.4%，分布式光伏已成为拉动国内光伏电站装机的主要因素。其中，在补贴等因素的推动下，户用分布式光伏电站前三季度共新增装机容量 11.68GW，同比增长 121%。2021 年 6 月，国家能源局综合司正式下发《关于报送整县（市、区）屋顶分布式光伏开发试点方案的通知》，拟在全国组织开展整县（市、区）推进屋顶分布式光伏电站开发试点工作。根据国家能源局综合司公布数据显示，截至 2021 年 9 月，各省（自治区、直辖市）及新疆生产建设兵团共报送试点县（市、区）676 个，全部列为整县（市、区）屋顶分布式光伏电站开发试点。其中试点地区超过 30 个的省份有河北、江苏、浙江、山东、河南、广东、甘肃、青海，分布式光伏进入大范围推广阶段。

在分布式光伏行业快速发展的同时，分布式光伏电站运维的状况难言乐观，主要体现在以下方面：

（1）与电力系统规范化运维保障不相适应。对于分散式管理的运维团队而言，通常一个投资主体会建设几个分布式光伏电站，一个运维团队管理几个电站。集中监控模式便能满足电力系统安全规程相关要求，比如"两票三制"，但是在仅有人员的前提下难以保障每个电站都有值班人员，导致发生故障或者电气火灾时没能及时处理和阻绝。分散式的运维模式能够保障现场实时有监盘巡视人员，但难以保障"两票三制"有效落实，常常出现的是一张工作票三种人都凑不齐的尴尬局面。

（2）前端服务不到位。对于多数农村家庭来讲，分布式光伏电站依然属于新事物，部分农民不了解光伏发电和光伏扶贫的相关政策。因此，在光伏电站前期推广过程中，从光伏发电的政策和电价、补贴，到光伏电站的选址与建设，都需要供电企业及有关部门提供更加积极主动和专业的服务，保障光伏电站的顺利建设并网和补贴效益及时到位。

（3）分布式光伏电站的自身限制因素。现阶段，在科学技术不断发展的背景下，光伏组件的原材料价格有所下降，原有的光伏组件及电池的生产商近几年持续亏损，近 1/3 的组件生产商濒临或已停产。而在一定的条件下，光伏组件中缺陷区域成为负载，消耗其他区域所产生的能量，导致局部过热，这种现象称为"热斑效应"。高温下严重的热斑会导致电池局部烧毁、焊点熔化、栅线毁坏、封装材料老化等永久性损坏，局部过热还可能导致玻璃破裂、背板烧穿，甚至组件自燃、发生火灾。另外，再加上国家政策方面的原因，光伏发电距离平价上网仍需等待，以至于许多投资商和电站运营商都处于观望的态度，这将导致光伏组件的价格持续下跌；再者，国家相关财政补贴资金缺口很大，我国的光伏电站是生存在国家财政补贴之上的行业，所获取利润的高低取决于国家财政补贴和各地的电价水平。国家统一的分布式发电项目电价标准的不确定性以及国家相关财政政策的调整，都会给光伏电站投资商带来不确定性。

1.2.2 运维技术现状

近年来，分布式光伏智慧运维方案的各方面工作都在有序开展。针对分布式光伏电站数量多、范围大、分散广，缺乏有效监管和运行维护难度大等问题，开展了大规模分布式光伏电站的监测及运维大数据分析关键技术研究。具体的运维方案有很多，比较常见的有光伏电站云端故障诊断、光伏组件遮挡物识别、光伏组件热斑检测、光伏组件隐裂检测等。研究分布式光伏电站运维技术，可以实现统筹优化调度多种运维资源和降低分布式运维站点人员的技术要求，提升运维资源调度的效率和效益。

（1）光伏电站云端故障诊断。通常情况下，光伏设备的 $I-U$ 曲线体现了光伏设备的输出特性，能够反映设备的故障情况，是经常用于故障诊断的电气特性。虽然实际应用场景中难以获得精确的 $I-U$ 曲线且基于 $I-U$ 曲线的算法很难达到理想的效果，但是以光伏电站不间断产生的大量监测数据为基础的机器学习和深度学习的故障诊断算法提供了很好的支持。所以可以采用支持向量机和级联随机森林模型对监测数据进行分类来实现故障诊断，也可以将聚类算法应用到光伏故障检测上，先将光伏设备根据其环境特征进行聚类，然后比较同一类中的设备，从而筛选出故障设备。基于机器学习和深度学习的故障检测算法不需要对设备电气特性进行分析，可以直接作用在监测数据上并产生诊断结果，并且有较强的抗干扰能力。

（2）光伏组件遮挡物识别方。近年来，对识别任务的研究主要集中在网络结构和数据增强两个方面。网络结构的发展从 AlexNet、VGGNet，再到 ResNet，将学习的目标从目标输出改变为目标输出与输入的残差，在其基本单元中添加了从输入到输出的短连接，成功缓解了深层网络中的梯度消失问题，之后 DenseNet 将特征在通道维度直接拼接，更明显地提高了网络深度的收益。HRNet 将传统串联结构改为并联结构，并行连接多尺度特征来保持高分辨率特征的语义丰富性。数据增强同样是辅助完成识别任务的一个方向：在虚拟样本上进行训练；或是在训练期间，随机擦除图中的部分像素，防止网络仅针对高激活位置进行学习；或是针对成对样本，将其中一个样本的一个随机区域裁剪下来，粘贴至另一个样本的相同位置。这些方法都可以增强网络在不同训练样本间的线性表达，并提高网络的鲁棒性。

（3）光伏组件热斑检测。自从卷积神经网络（CNN）被提出之后，各种深度学习模型被应用于通用物体识别领域。在这些深度学习模型中，主要划分为以下几个模块，分别是特征提取网络、区域推荐网络（Region Proposal Network，RPN）和分类回归处理。

（4）光伏组件隐裂检测。由于隐裂细微且不规律出现，采用人工判别将需要耗费大量的人力。利用计算机视觉技术实现隐裂自动检测能够有效降低人力开销，提高检测效率。实现隐裂智能检测的方法主要包括传统的图像处理方法和基于深度学习的方法两种。传统图像处理方法中手工设计的特征灵活性较低，对数据集的特点依赖性较强；基于深度学习的方法相比于传统的特征提取方法能够取得更高的检测准确率。随着人工智能深度学习的进步，基于深度学习的检测和分类方法在光伏电池隐裂检测领域也得到了应用，比如利用深层神经网络学习更多的可转移特征以实现域自适应，将迁移学习引入到隐裂检测任务中，实现单晶组件的隐裂检测任务到多晶组件的迁移。对原型网络进行半监督扩展，利用已有类别的原型特征对未标记数据进行预测，根据待测数据属于各类别的概率更新每一类的原型，减少标记成本，这种小样本学习方法能够有效缓解样本稀缺的问题。

1.3 运维的难点分析

目前，分布式光伏电站的应用日趋广泛，相对应的，其运维难度也不断增加，当前的分布式光伏电站运维情况并不乐观，有诸多难点需要克服。

（1）数据存在多源性和异构性，难以进行统一处理。随着太阳能发电的广泛应用，光伏电站的建设、并网以及运维服务的需求显著增加。由于太阳能属于间歇性的能源，受环境影响较大，因此太阳能相比于化石能源存在明显的随机性与波动性。光伏电站并网、消纳以及调峰运行等运维问题已经得到了越来越多的学者关注，并且已经提出了很多机理模型来解决光伏电站出力、并网、消纳等环节中的细节问题。然而在实际工业应用中，由于设备运行数据获取难度大，数据结构存在异构性，难以进行汇总和统一处理，这些机理模型通常只能在小范围电站中得到应用，难以统一进行管理。这就需要建设综合服务平台，在电力网的基础上，融合光伏电站运维信息，从而将广泛的光伏组件、逆变器等电力设备数据、光伏电站运维信息汇总起来，实现多源异构数据集成，形成统一管理的平台。

（2）分布式光伏电站由于规模小，部署分散，电力检查工作量大，故障报警识别能力差。分布式光伏电站运维中，存在故障一定会发生、故障可能发生、大影响力故障与小影响力故障等多种故障等级。需要基于异常数据以及故障类型知识库进行整体分析，对异常数据与故障类型、故障等级之间的映射进行准确建模；并综合多个模型的分析结果，更精确地判断出故障类型故障等级。因此，如何从多维异常数据中提取出关键特征，建立异常数据分析模块、准确地建立异常数据与可能出现的故障类型之间的关系，从而集成多个故障预警模型进行综合判断，对故障类型及故障等级进行准确预警是技术研究的难点。

（3）光伏电站的运维如果以个体为单位，则运维的效率低下，不能形成统一的分布式光伏电站运维云平台，对现有资源进行整合和统一调度。没有光伏电站运维云平台，就无法通过资源管理接口实现资源管理，同时，也无法记录资源池系统的资源状况及资源告警信息。如果资源池系统资源状况发生变化，则资源池系统也无法及时上报资源变动情况。要解决这方面的问题，首先采用云平台的大数据计算架构要充分考虑分布式光伏电站运维业务需求，在此基础之上，通过将当前主流的挖掘算法资源与大数据挖掘技术的软硬件资源进行整合，既可以实现与传统数据挖掘系统的数据交互，又可以提供对外统一算法模型的建模、分析、处理等服务功能，实现对建模过程的统一管理支持、对平台运行环境和状态的统一管理，充分满足对上层业务建模和数据分析应用的需求。

（4）没有成熟有效的运营维护体系。相对于分布式电站建设的快速开拓，其光伏电站的运维管理现状并不乐观，甚至有些还停留在相对初级阶段。相较于集中式光伏电站，分布式光伏电站的体量小、布局散、资金小、人员少等特点明显，这些也给后期的运维管理带来了不少屏障。在光伏电站20~30年的超长使用期内，光伏电站运维管理的混乱与缺失，已经成为了分布式光伏电站发展的一大痛点。而且光伏发电与天气因素的联系密切，光伏发电设备需要及时得到维护，否则设备的老化或者破损速度会加快，这就会严重影响光伏电站的效益。所以一套完善有效的运行维护管理机制对于光伏电站来说是极为重要的。随着国内光伏电站的大规模建设，管理除了要满足国家电网要求的信息采集和实时监

5

控外，还要围绕"保证发电量、减少运维成本"展开。为了达到目的，光伏电站运维管理系统需要推出场地适应性更强，融合现代数字信息、通信技术、大数据分析的新型智能监控与分析系统。

参 考 文 献

［1］ ALAJMI M，ABDEL Q I. Fault detection and localization in solar photovoltaic arrays using the current‐voltage sensing framework ［C］. In：Proceeding of the 2016 IEEE International Conference on Electro Information Technology. Grand Forks，ND，USA，2016，307－312.

［2］ Oozeki T，Yamada T，Kato K. On‐site Measurements of photovoltaic systems for detection of failure modules ［C］. In：Proceeding of the 2008 IEEE Photovoltaic Specialists Conference. San Diego，CA，USA，2008：1－6.

［3］ 刘恒. 基于 $I－V$ 曲线的热斑光伏组件故障诊断及状态评估综合研究 ［D］. 合肥：合肥工业大学，2020.

第2章　高精度气象数据预测

分布式光伏电站通常建在户外，受环境影响较大，获取光伏电站周边 1km 左右的小区域气象因子的准确预报，将为光伏电站评估发电计划和电站运行状态提供更加科学、全面的决策依据，从而实现更加合理的分布式光伏电站运维。要实现高精度气象数据预测，首先应该分析气象数据的特点及其对发电功率的影响，在此基础上设计合理的气象数据预测模型，实现短期气象预测，为光伏电站运维提供支持。

2.1　气象数据的特点

随着科技的日益进步，气象领域也在发生着翻天覆地的变化，各种新的探测设备不断引进，对天气属性的探测也越来越多，由此，气象局收集到的数据量也越来越大，并且种类繁多，形式各有不同。通过对气象数据长期研究发现，大数据时代的气象数据具有海量性、多维性、多样性、时空性，并且数据噪声多、缺失率较高等特性。

气象数据具有海量性，截至 2015 年，全国约有 2610 多个气象站台，遍布于全国各地。而气象数据诸如地面温度、湿度、水汽压、总日照小时数、降水量、能见度、风速、露点温度等多达 50 多条，充分体现了气象数据的多维性。全球地面、高空、太空、海洋上有各种各样的观测站，所得到的数据也是各式各样，不尽相同，如酸雨观测站、臭氧观测站等，故气象数据的类型和数据模型都具有多样性。气象数据中有时间信息和空间信息，所以它们都具有时空性。由于各类自动监测站或者人工监测站基本是 24h 实时在监测数据，它们不可避免地要受到来自外界的各种影响，所以收集到的原始数据会存在很多噪声，更有数据属性不全，数据缺失的情况，这些都是客观条件下收集气象数据不可避免的，也就形成了气象数据的一大特点。

2.2　气象因子对光伏发电功率的影响

太阳能光伏发电被认为是转换效率最高、使用期长、可提供大量电力的一种太阳能利用方式。我国太阳能资源丰富，理论储量大，是未来最有希望的、可大规模开发利用的可再生能源。近几年来，随着光伏产业的迅猛发展、装机容量的指数增长，为保证电力系统经济、安全和可靠性运行，光伏发电预测显得越来越重要。光伏发电量的准确预报对光伏电站和电力系统均有重要的意义。与此同时，气象因素对于光伏发电有着直接影响，且常常作为研究变量来对系统发电量进行预测，所以对于气象因子的精准预测同样是光伏发电量预测的关键一环。

光伏发电具有随机和间歇的特点，易受到天气变化的影响。影响光伏发电的气象因子有很多，如太阳辐照度、温度和湿度等。其中，太阳辐照度对光伏发电的影响最大。每日的太阳辐照度变化具有周期性，它由日出开始增长，至正午左右达到最高，再慢慢减少，直到日落变为零。同时，温度和湿度等气象因子也对光伏发电有影响，日最高气温与太阳辐照度具有一定的正相关性，温度过高也将影响光电转换效率，湿度变化规律则一般与温度相反，且随着相对湿度的增加发电功率一般呈减小趋势。日太阳辐照度、日平均总云量、气温日较差与逐日发电量之间的相关程度较高，相关性非常高，其中前两者与发电量的密切关系是很好理解的，即日平均总云量少、日太阳辐照度高，发电量就多，反之，日平均总云量多、日太阳辐照度低，发电量必然减少，而气温日较差则与日平均总云量呈显著负相关，通常天气晴好，气温日较差大，反之天气阴雨，气温日较差小。在没有云量或辐射预测的情况下，用气温日较差来代替日平均总云量甚至日太阳辐照度是完全可能的。另外日低云量、白天降水量与逐日发电量之间也有一定相关性，但不及前 3 个因子相关性好，可见日太阳辐照度、日平均总云量、气温日较差是影响日发电量的主要因素。

图 2-1 描述了在不同天气状况（晴天、阴天和雨天）下，夏季光伏电站发电功率在 8：00—18：00（5min 为一个节点）的变化曲线。由图中可以看到，晴天的发电功率变化基本和太阳辐照度变化周期相符合，且发电功率较大；阴天和雨天发电功率则波动较大，且雨天相对发电功率较小。而随着天气状态的变化，影响光伏发电的气象因子也会随之变化，因此预测气象因子可为接下来光伏系统的功率预测和发电计划提供参考。

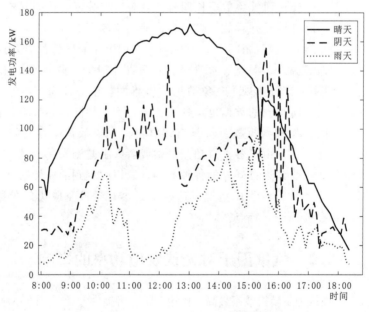

图 2-1　不同天气状况下光伏电站发电功率曲线图

2.3　传统预测方法

在实际应用中，气象数据预测的方法有很多，总结起来大概有关联规则分析法、聚类分析法、分类分析法、流数据分析法和时空序列分析法等。针对不同的问题，会采用不同的算法来解决。在气象数据预测领域，结合气象数据的特性应用最广泛的是关联规则分析法、聚类分析法和分类分析法。

1. 关联规则分析法

关联规则挖掘最早是由 Agrawal 等在 1993 年提出的，其目的是为了找出数据库中隐藏的关系网。关联规则的定义十分简单，即如果变量之间存在某种规律性的关系，就称它们之间关联。

一般关联规则挖掘的原理非常简单，首先找出那些大于或者等于支持度的项集，然后寻找这些项集之间的关联规则。但是运用到实践中，又要根据实际情况对算法做各种不同的改进。关联规则比较常用的算法是 Apriori 算法，经过算法改进，其在气象数据预测领域也有了比较成熟的运用，如西安电子科技大学的左爱文就给出了一种基于项目序列集的空间关联规则算法，并把它运用在气象数据预测中。

2. 聚类分析法

到目前为止，聚类在学术界还没有一个公认的定义，其主要是用于从数据集中找出相似的数据并划分成不同的类或簇，而划分的原则就是让同一类中对象的相似度尽可能地高，而不同类中对象的反差尽可能地大。聚类分析可以从很多领域中找到它的影子，如统计学、机器学习、数据挖掘、模式识别等。聚类算法主要包括数据准备、特征选择和提出、特征提取、聚类或分组、聚类结果评估几个过程。聚类和分类是有着明显区别的，聚类涉及的数据的特征事先是未知的，并且在聚类前，不知道数据会被划分为几类，也不清楚分组的标准。也就是说，聚类是一种无指导的学习方法。典型的聚类方法有 K-均值算法（K-means）和 K-中心算法（K-medoids）等。

3. 分类分析法

通过数据库中某些数据得到另外的数据是分类分析预测模型的目标，简单来说，分类分析是通过对已有训练集的分析和研究，找到其内在规律，构建分类模型的过程。分类分析的整个过程大概分为以下阶段：

（1）数据准备阶段。根据系统的要求和任务需要，对要研究的问题做出合理的定义，然后采集数据并对数据进行预处理，划分出训练集和测试集。

（2）数据训练阶段。主要是对第一步划分出的训练集进行分析，提炼出分类函数，归纳出分类模型。

（3）评估阶段。根据第一步中划分出的测试集对分类器进行评估，只有分类器的效率和精度达到一定的要求，分类器才能被用于实践。

在实际应用中，分类分析方法是上述三种方法中最经常被使用的，常用的有贝叶斯分类、决策树、人工神经网络、支持向量机等方法。

2.4 神经网络预测方法

太阳辐照度是影响光伏系统出力的最主要因素，由太阳辐照度可以比较准确地计算出集中式分布式光伏出力。但是，辐照易受云量、湿度、温度等环境因素的影响，具有显著的不稳定性和随机性。

目前，国内外对于太阳辐照度预测进行了深入研究，常用预测方法可分为两类。其中：第一类方法基于详尽的数值天气预报（Numerical Weather Prediction，NWP），利用观测的数值天气信息与太阳辐照度的物理计算模型，对超短期太阳辐照度进行预测。这类方法虽然预测精度高，但是需要复杂的卫星观测信息及分析方法，对我国现阶段来说实行比较困难。第二类方法通过对历史数据建模，模拟出太阳辐照度的变化规律，然后预测出未来的太阳辐照度。

2.4.1　极端学习机

极端学习机（Extreme Learning Machine，ELM），随机产生输入层权值以及隐含层节点偏置等网络参数，相对于传统的神经网络，结构简单，学习效率高，泛化能力强，但其输入层至隐含层的偏置随机产生，会影响太阳能辐照量预测的精度。而采用遗传算法（Genetic Algorithm，GA）优化 ELM 的隐含层输入权值及偏置向量，可以有效提高预测精度。

为了提升太阳辐照度预测精度，必须确定与辐照度关系紧密的气象因素。在多环境并存的情况下找出对辐照度预测影响最大的气象因素非常重要，同时在 GA - ELM 神经网络中，输入变量的选择也是首要的。输入训练数据，包括温度、云量、风速、相对湿度、最低温度、最高温度、海拔、日照小时数、纬度和经度等。在变量选择过程中，太阳辐照度预测最相关的输入变量必须评估。在分析现有神经网络模型的输入输出变量的基础上，研究输入变量的优化组合，引入与辐照度直接相关的因素，如环境温度、气压、风速、积日、云量、相对湿度作为模型的输入变量，对比不同输入变量模型预测结果的误差指标，合理地确定输入变量组合。最后确定利用历史辐照度、温度、云量、相对湿度作为输入属性。

1. ELM 神经网络原理

极端学习机是由 Huang 等在 2004 年提出的一种性能优良的新型单隐层前向神经网络（Single - hidden Layer Feed Forward Networks，SLFNs），称为极端学习机（Extreme Learning Machine，ELM）学习算法。ELM 与传统的神经网络相比，具有许多优良的特性，比如学习速度快，泛化能力好，克服了传统梯度算法的局部极小、过拟合和学习率的选择不合适等缺点。

ELM 实现的过程：对于 N 个任意的不同的样本 (x_i, y_i)，其中

$$x_i = [x_{i1}, x_{i2}, \cdots, x_{in}]^{\mathrm{T}} \in R^n \tag{2-1}$$

$$y_i = [y_{i1}, y_{i2}, \cdots, y_{im}]^{\mathrm{T}} \in R^m \tag{2-2}$$

则一个激励函数为 $g(x)$、隐含层节点数为 L 的前馈神经网络的输出可表示为

$$f_{\mathrm{L}}(x) = \sum_{i=1}^{L} \beta_i g(\alpha_i x_i + b_i) \tag{2-3}$$

$$x \in R^n, \alpha_i \in R^n, \beta_i \in R^m \tag{2-4}$$

$$\alpha_i = [\alpha_{i1}, \alpha_{i2}, \cdots, \alpha_{in}]^{\mathrm{T}}$$

$$\beta_i = [\beta_{i1}, \beta_{i2}, \cdots, \beta_{im}]^{\mathrm{T}}$$

式中　α_i——输入层到第 i 个隐含层节点的输入权值；

b_i——第 i 个隐含层节点的阈值；

β_i——连接第 i 个隐含层节点的输出权值;

$\alpha_i x_i$——向量 α_i 和 x_i 的内积,激励函数 $g(x)$ 可采用"Sigmoid"等。

如这个具有 L 个隐含层节点的前馈神经网络能以 0 误差逼近 N 个样本,则 α_i、b_i、β_i 存在以下关系

$$f_L(x) = \sum_{i=1}^{L} \beta_i g(\alpha_i x_i + b_i) = y_i, i = 1, 2, \cdots, L \qquad (2-5)$$

可简化为

$$H\beta = Y' \qquad (2-6)$$

其中

$$H(\alpha_1, \cdots, \alpha_L, b_1, \cdots, b_L, x_1, \cdots, x_N) = \begin{bmatrix} g(\alpha_1 x_1 + b_1) & \cdots & g(\alpha_L x_1 + b_L) \\ \vdots & & \vdots \\ g(\alpha_1 x_N + b_1) & \cdots & g(\alpha_L x_N + b_L) \end{bmatrix}_{N \times L}$$

$$\beta = \begin{bmatrix} \beta_1^T \\ \vdots \\ \beta_L^T \end{bmatrix} Y = \begin{bmatrix} Y_1^T \\ \vdots \\ Y_L^T \end{bmatrix}$$

H 为隐含层的输出矩阵。在 ELM 中随机给定输出权值和阈值,矩阵 H 就变成一个确定的矩阵,前馈神经网络的训练就可以转化成一个求解输出权值矩阵的最小二乘解的问题。输出权值矩阵 $\tilde{\beta}$ 为

$$\tilde{\beta} = H'Y \qquad (2-7)$$

式中　H'——隐含层输出矩阵 H 的 Moore - penrose 广义逆。

ELM 预测算法流程如下:

(1) 随机设置输入隐含层权值 α_i 以及阈值 b_i,$i = 1, 2, \cdots, L$;其中 L 为隐含层节点个数。

(2) 选择一个无限可微的函数作为隐含层神经元的激活函数,并计算隐含层输出矩阵 H。

(3) 计算隐含层节点与输出节点的连接权值 $\tilde{\beta} = H'Y$。

2. 基于 GA 改进的 ELM

根据 ELM 模型算法特点,ELM 模型隐含层输入权值 α_i 以及偏置向量 b_i 为随机设定的,当随机设定值为 0 时,会使部分隐含层节点失效,降低其对样本的预测精度。针对上述可能出现的问题,采用 GA 对 ELM 模型中隐含层节点数 L、隐含层输入权值 α_i 及偏置向量 b_i 进行优化选择,以确定最优的 ELM 模型。

训练步骤如下:

(1) 确定神经网络的拓扑结构,对神经网络的权值和阈值编码,得到初始种群。个体的维度 D 取取决于模型需要确定的参数的个数,即隐含层输入权值矩阵和偏置向量为

$$Q^\gamma = [\alpha_{11}^\gamma, \cdots, \alpha_{1L}^\gamma, \alpha_{L1}^\gamma, \alpha_{L2}^\gamma, \cdots, \alpha_{LL}^\gamma, b_1^\gamma, b_2^\gamma, \cdots, b_L^\gamma] \qquad (2-8)$$

式中　Q^γ——种群中第 γ 个个体,$1 \leqslant \gamma \leqslant k$,$\alpha_{ij}$、$b_i$ 在区间 $[-1, 1]$ 中随机取值。

(2) 解码得到权值和阈值,将权值和阈值赋给新建的 ELM 网络,使用训练和测试样本测试网络。对网络设置目标函数为

$$\mathrm{obj} = \frac{1}{n} \sum_{k=1}^{n} \left[y_i(k) - y_i^*(k) \right]^2 \tag{2-9}$$

式中　n——预测时刻点的个数；

　$y_i(k)$——k 时刻的真实值；

　$y_i^*(k)$——k 时刻的预测值。

（3）确定适应度函数、种群规模 k 以及进化代数 P。适应度函数用于评价个体的优劣程度，适应度函数采用排序的适应度分配函数：Fitness - V = ranking(obj)，其中 obj 为目标函数的输出。

（4）局部求解最优适应度函数 Fitness - best。进化代数 θ 及种群个体 γ 的初始值设为 0，逐个求解每个个体对应的适应度函数，直到 $\gamma = k$ 时结束循环，求得 Fitness - best 值即从中选出最优个体。

（5）全局求解最优适应度函数 Fitness - best。每进行一轮局部求解最优适应度函数后，利用交叉、变异对种群进行优化，并检查进化代数 θ。当 $\theta \leqslant P$ 时，将 γ 值初始化为 0，返回到第（4）步，直到 $\theta > P$，则结束运算。此时计算出的 Fitness - best 即为最优适应度函数，根据其对应的参数并解码，即可得到最佳神经网络的权值和阈值，进而确定优化的 ELM 模型。

3. 预测过程设计

在新方法中，确定 GA - ELM 模型的输入为 12 个属性，输出为待预测时刻点太阳辐照度，并采用单步预测，最终预测获得未来 24h 太阳能辐照量值。太阳能辐照量的预测过程如下：

（1）选取输入学习样本。

（2）归一化处理。输入数据的数量级不同，会对网络的训练造成影响，使输出层的预测结果不准确。使用 Matlab 软件对输入学习样本进行归一化处理，把所有数据，如历史辐照量、温度、相对湿度、云量等归一到 [0，1]，防止输入变量范围不同而导致某些变量在映射被淹没的现象。归一化公式为

$$x_i^*(t) = \frac{x_i(t) - x_{i\min}}{x_{i\max} - x_{i\min}} \tag{2-10}$$

式中　$x_i(t)$——t 时刻的原始数据；

　　　$x_{i\max}$——原始数据中的最大值；

　　　$x_{i\min}$——原始数据中的最小值；

　　　$x_i^*(t)$——归一化后的数据。

（3）向训练好的模型中，输入待预测时段属性因素的数据，得出未来 24h 的太阳辐照度预测值。

（4）把预测的太阳辐照度进行反归一处理，并采用均方差误差和平均绝对百分误差来评估太阳辐照度预测结果的准确性和可行性。

2.4.2　基于改进 PSO - LSTM 模型的气温日较差预测

采用 PSO 算法优化 LSTM 相关参数。将 LSTM 需要优化的参数作为粒子输入 PSO 算法进行优化，将得到的最优粒子作为参数输入 LSTM 中，此时的 LSTM 为 PSO 优化过

的最优模型，其预测精度得到提升，这个过程没有人为调参因素影响，随机性较低，优化效果比较稳定。

1. LSTM 神经网络结构

LSTM 是一种特殊的循环神经网络，可以解决长期依赖问题，避免传统循环神经网络产生的梯度消失与梯度爆炸问题。它引入了一种被称为记忆单元（memory cell）的结构来记忆过去的信息，每个记忆单元拥有三种门结构，包括遗忘门（forget gate）、输入门（input gate）和输出门（output gate）。

LSTM 记忆单元结构如图 2-2 所示，其中方框内上方的水平线，被称为单元状态（cell state），可以控制信息传递。遗忘门是以上一单元的输出 h_{t-1} 和本单元的输入 X_t 为输入的 Sigmoid 函数（σ 是 sigmoid 激活函数），为 c_{t-1} 中的每一项产生一个在 [0，1] 内的值，控制上一单元状态被遗忘程度。输入门和一个 $\tanh$ 函数配合控制新信息加入程度。输出门用来控制当前的单元状态被过滤程度。

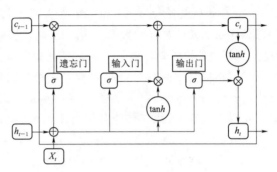

图 2-2 LSTM 记忆单元结构

2. 改进 PSO-LSTM 模型

PSO 算法是模拟鸟群捕食行为的群智能优化算法，群体中的粒子不断调整自身的速度和位置去寻找最优解，即

$$V_i^{t+1}=wV_i^t+c_1r_1(p_i^t-X_i^t)+c_2r_2(p_g^t-X_i^t) \tag{2-11}$$

$$X_i^{t+1}=X_i^t+V_i^{t+1} \tag{2-12}$$

式中　V_i^t——第 t 次迭代中粒子 i 的速度；

　　X_i^t——第 t 次迭代中粒子 i 的位置；

　　w——惯性权重，通常在 [0，1] 之间；

　c_1 和 c_2——学习因子，通常在 [0，2] 之间；

　r_1 和 r_2——[0，1] 之间的随机数。

由于一般 PSO 算法中惯性权重和学习因子都是线性变化的，这可能会使算法过早陷入局部最优阶段，引起全局与局部搜索能力失衡。因此，通过引入非线性变化的惯性权重和学习因子来改进 PSO 算法性能。惯性权重和学习因子变化公式为

$$w=w_{max}-(w_{max}-w_{min})\times\frac{2}{\pi}\arcsin\frac{t}{t_{max}} \tag{2-13}$$

$$c_1=c_{1max}-(c_{1max}-c_{1min})\times\frac{2}{\pi}\arcsin\frac{t}{t_{max}} \tag{2-14}$$

$$c_2=c_{2min}+(c_{2max}-c_{2min})\times\frac{2}{\pi}\arcsin\frac{t}{t_{max}} \tag{2-15}$$

式中　　　t——当前迭代次数；

　　t_{max}——最大迭代次数；

w_{max} 和 w_{min}——分别为 w 的最大值和最小值；

c_{1max} 和 c_{1min}——分别为 c_1 的最大值和最小值；

c_{2max} 和 c_{2min}——分别为 c_2 的最大值和最小值。

改进 PSO - LSTM 模型的主要思路是利用上述 PSO 算法的良好参数寻优能力对 LSTM 的相关参数进行优化，提升 LSTM 的预测效果。改进 PSO - LSTM 模型的建模步骤如下：

（1）初始化相关参数，初始化粒子群算法参数：种群规模 N、空间维数 D、迭代次数 t_{max}、粒子的初始位置 X_i^0 和初始速度 V_i^0。初始化 LSTM 算法参数：隐藏层为 3 层，第一层隐含层的初始神经元数 h_1^0，第二层隐含层的初始神经元数 nh_2^0，第三层隐含层的初始神经元数 h_3^0，初始学习率 α_0，初始迭代次数 n_0。

（2）根据需要调整 LSTM 参数形成相应的粒子，粒子结构为 $(h_1, h_2, h_3, \alpha, n)$。其中，$h_1$ 表示 LSTM 第一层隐含层的神经元数，h_2 表示 LSTM 第二层隐含层的神经元数，h_3 表示 LSTM 第三层隐含层的神经元数，α 表示 LSTM 的学习率，n 表示 LSTM 的迭代次数。

（3）将平均绝对误差 MAE 作为粒子适应度值，并根据每个粒子的初始位置 X_i^0 计算初始适应度值确定初始的个体最优位置 P_i^0 和全局最优位置 P_g^0。

（4）对粒子的位置 X_i^t 和速度 V_i^t 进行更新，再根据新的位置 X_i^t 计算适应度值，更新粒子的个体最优位置 P_i^t 和全局最优位置 P_g^t。

（5）若迭代次数达到最大，则根据最优粒子训练好的 LSTM 模型输出预测值；若迭代次数没有达到最大，则返回步骤（4）继续迭代。

3. 数据来源与处理

选取气温、地温、降水量、气压、湿度、日照小时数和风速作为神经网络的输入特征，用 Z - Score 标准化。数据从中国气象数据网（http：//data. cma. cn/）处获取。

2.4.3 基于双树复小波分解的云量时间序列模型预测

1. 双树复小波

采用双树复小波分解（DT - CWT）方法，将高分辨率存档云量数据进行分解，得到低频信息和高频信息。假设造成成像结果的各类不确定性条件一致，所有因素的随机性和趋势性，都体现在了成像结果的高频和低频信息上，低频信息可以较好的保留原始云量趋势走向信息，高频可以很好的保留因其他因素所导致的云量突变信息。

DT - CWT 构造过程如图 2 - 3 所示。

图中，h_0、h_0'、g_0 和 g_0' 为低通滤波器；h_1、h_1'、g_1 和 g_1' 为高通滤波器；n 为信号，$n = 0, 1, 2, \cdots, n$；$\{x_t\}$ $(t = 0, 1, 2, \cdots, n)$ 表示为第 t 期云量序列。

不同于传统的离散小波变换，这里是将复小波的实部和虚部分离开，采用二叉树结构的两路离散小波变换形式，两棵并行的实小波变换树来对信息进行分解与重构，其中一棵为实部树，另一棵为虚部树。在分解与重构过程中，始终保持虚部树的采样位置点正好位于实部树的中间，这样就能使得两树分解系数达到信息互补，这样利用实数的小波变换来实现带有复数形式的复数小波变换，根据 DT - CWT 的构造方法，复小波表示为

$$\psi(t) = \psi_\alpha(t) + j\psi_\beta(t) \tag{2 - 16}$$

式中　$\psi_a(t)$——实部实数小波；

　　　$j\psi_\beta(t)$——虚部实数小波。

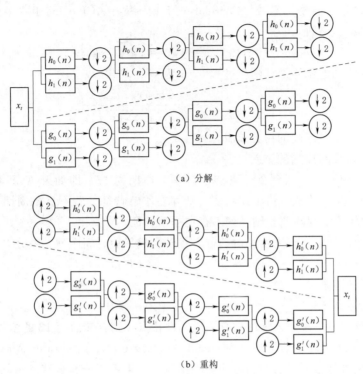

（a）分解

（b）重构

图 2-3　DT-CWT 构造过程

2. 时间序列分析

通过时间序列分析的方法挖掘出低频序列数据内在的联系，找到云量序列变化的规律，建立能够准确描述这种变化关系的时间序列模型，然后进行数据序列趋势的预测，可宏观描述云量时间序列趋势的走向。对于高分辨率卫星影像云量时间序列，首先判断其平稳性，采用单位根检验，判断方法为 ADF（Augmented Dickey-Fuller）检验。首先构造 ADF 检验统计量 τ，即

$$\tau = \frac{\hat{\rho}}{S(\hat{\rho})} \tag{2-17}$$

其中

$$\rho = \varphi_1 + \varphi_2 + \cdots + \varphi_{l-1} \tag{2-18}$$

式中　　　$S(\hat{\rho})$——参数 ρ 的样本标准差；

　　　　　$\hat{\rho}$——ρ 的无偏估计，在样本有限的情况下 $\hat{\rho} = \rho$；

$\varphi_p = \varphi_1, \varphi_2, \cdots, \varphi_l$——$p$ 阶自回归过程，$p = 1, 2, \cdots, l$，其中 l 为 p 的最大阶。

应用蒙特卡洛法，计算 τ 检验统计量的德宾-沃森（Durbin-Watson，DW）临界值，通过比较 τ 与 DW 临界值的大小，来确定是否接受原假设（不平稳）。当 τ 小于全部临界值时，拒绝原假设，序列不存在单位根，是平稳序列，选用自回归滑动平均（Autoregressive Moving Average，ARMA）模型进行预测。反之是非平稳序列，进入下一步

推断。

非平稳序列通过判定是否具有周期性，分为普通非平稳序列和季节性非平稳序列。主要判断标准是自相关函数（Auto-Correlation Function，ACF）。对于一个第 h 期云量时间序列 x_h 的自相关函数 ρ_h 为

$$\rho_h = \mathrm{Corr}(x_h, x_{h+s}), s = 0, \pm 1, \pm 2, \cdots \tag{2-19}$$

式中 s——第 h 期的偏移量，随机过程 Corr 为

$$\mathrm{Corr}(x_h, x_{h+s}) = \frac{\mathrm{Cov}(x_h, x_{h+s})}{\sqrt{\mathrm{Var}(x_h)\mathrm{Var}(x_{h+s})}} \tag{2-20}$$

式中 Cov——求云量序列的协方差；

Var——求云量序列的方差。

云量作为一种天气自然现象，决定了其季节周期为 12，即如果 ACF 具有周期性特点，并且在滞后期 12 的整数倍出现峰值，则存在季节特征。若不具备周期性特点，在滞后期 12 的整数倍不出现峰值，则序列不存在季节特征。

对于非平稳序列，通常采用一阶差分方程转换成平稳时间序列。差分方程为

$$ax_h = x_h - x_{h-1} = (1-B)x_h \tag{2-21}$$

式中 a——差分算子；

B——延迟算子。

如果高分辨率卫星影像云量序列存在周期性特点，则在滞后期 12 的整数倍出现峰值，采用季节性差分自回归滑动平均（Seasonal Autoregressive Integrated Moving Average，SARIMA）模型进行预测，否则为普通非平稳序列，采用差分整合移动平均自回归（Autoregressive Integrated Moving Average，ARIMA）模型进行预测。

3. Elman 神经网络

由 DT-CWT 分解高分辨率云量数据得出的高频序列包含了大量的随机信息，表现出规律性差、振幅跨度大、波动频率不规则等特点，且对于以月为观测数据的时间尺度而言，高频信息中所包含的随机性是云量变化规律中不可忽略的影响因素。采用 Elman 神经网络作为预测模型，既可以有效应对高频随机信息规律性差的问题，又较好的解决高频信息难以适应单一变化类型预测模型的问题。

Elman 由输入层、隐含层、承接层和输出层组成，与前馈型网络相比，多了一个承接层，用来记忆隐含层单元的输出值并返回给输入，构成局部反馈，其传输函数为线性函数，但多了一个延迟单元，可回忆过去的状态，使网络具有动态记忆功能。Elman 神经网络的数学公式为

$$z(k) = f(w_1 z_C(k) + w_2 u(k-1)) \tag{2-22}$$

$$z_C(k) = \alpha z_C(k-1) + z(k-1) \tag{2-23}$$

$$y(k) = g(w_3 z(k)) \tag{2-24}$$

式中 w_1——承接层与隐含层的连接权矩阵；

w_2——输入层与隐藏层的连接权矩阵；

w_3——隐含层与输出层的连接权矩阵；

$y(k)$——m 维输出节点向量；

$z(k)$——a 维隐含层节点单元向量；

u——r 维输入向量；

$z_C(k)$——a 维反馈状态向量；

k——时刻；

α——自连接反馈增益因子，$0 \leqslant \alpha < 1$；

$f(\cdot)$——多为 Sigmoid 函数；

$g(\cdot)$——purelin 函数。

利用高频随机序列构造训练样本，确定神经网络的结构对网路进行训练，使误差沿梯度方向下降，当达到设定的阈值标准的时候，确定模型的权值，利用训练好的网络模型对高频随机序列进行预测。

4. 方法流程

（1）采用 ZY-3、GF-1 等高分辨率卫星影像历史云量存档数据，并以月为时间分辨率对研究区高分辨率影像云量数据进行提取，以百分比的形式进行记录，作为原始数据源。

（2）由于国产高分辨率卫星影像时间分辨率有限，存在个别月份数据缺失的问题，为保证实验数据的连续性但又不偏离实验数据的准确性，采用线性拟合的方法对原始数据进行缺失数据的拟合，补充缺失数据得到待分析数据源。

（3）对研究区数据源全部进行 DT-CWT 分解，分别得到低频趋势序列信息和高频随机序列信息，将两序列信息分别分为前段样本训练组和后段预测对比组。

（4）对高、低频序列信息样本训练组的数据采用不同的方法进行分析、建模、预测，低频趋势序列信息选择时间序列分析法，采用 ADF 检验判定时间序列模型并进行预测，高频随机序列信息选用 Elman 神经网络进行训练，通过训练后神经网络进行预测。

（5）将低频趋势序列信息和高频随机序列信息的预测结果进行重构，得到最终的云量预测结果。

（6）分别将全部序列的低频信息与原始云量、预测组的低频信息预测值与实际值、高频信息预测值与实际值、重构云量预测值与原始云量实际值进行对比，以平均绝对误差和均方根误差作为评价指标进行评价分析。

2.5　短期太阳辐照度预测模型

短期太阳辐照度预测模型的总体结构如图 2-4 所示，模型包括数据、数据处理和模型训练 3 个部分。首先将数据源中多种气象因子相关数据进行归一化操作并构建张量，该张量中不同光伏电站的多种气象因子数据及其变化规律可为短期预测提供充足依据，而后进行张量分解和评估预测结果；同时结合经纬度数据进行网格划分，按照光伏电站所在位置对太阳辐照度数据建模，此时张量变得极为稀疏，但模型仍可从占比较小的数据中学习规律以补全周边未设置传感器地区气象数据和进行评估。

2.5.1　张量构建与分解方法

1. 张量构建

将每个光伏电站的气象因子有关数据使用张量 $X \in R^{N \times M \times L}$ 来建模。其中它的三个维

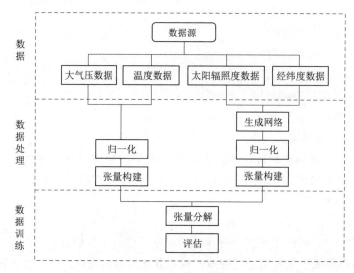

图 2-4　短期太阳辐照度预测模型结构示意图

度分别表示共有 N 个实验点、M 个时间间隔和 L 天的数据。在给定的时间区间内（如一个月），张量的每一个条目 $X(i,j,k)$ 存储着第 s_i 个实验点在第 d_k 天的第 t_j 个时间间隔内的气象因子数据。对于数据缺失的条目，在实验中将用模型所推测出的值填充。由于所有电站都处于一个区域，所处地理位置相近，电站本身地理位置及周边电站的天气数据也可作为预测的依据。同时张量 X 中储存的值将被归一化到 ［0，1］以便后续分解操作。其中，实验点被表示为 $s=\{s_1,s_2,\cdots,s_i,\cdots,s_N\}$。对于实验点的定义，在气象因素预测中，将每个光伏电站所记录的气象数据（温度、太阳辐照度、湿度、气压和天气类型）结合在一起，每个光伏电站的每一项气象数据被视为一个实验点；而在基于经纬度的补全中，将所有光伏电站分布的区域按照经纬度划分为 0.01×0.01 的网格，每一个网格被视为一个实验点，时间间隔被表示为 $t=\{t_1,t_2,\cdots,t_j,\cdots,t_M\}$。将每一天划分到相等的时间间隔中，每个时间间隔为一小时。同时由于太阳辐照度只在白天收集，所以在太阳辐照度的预测中，只取 8：00—18：00 的区间。天数则被表示为

$$d=\{d_1,d_2,\cdots,d_k,\cdots,d_L\}$$

2. 张量分解

张量分解的一种常用方式为 Tucker 分解，它可以看成是高阶 PCA 分解的一种形式。上下文感知的张量分解模型如图 2-5 所示，对于一个 n 维张量，Tucker 分解的基本做法是将原张量分解为一个核心张量和多个因子矩阵的乘积。其中，核心张量表示不同元素如何以及在哪些维度相互影响，而因子矩阵对应着原张量每个维度不同比例的缩放，因子矩阵也被称为其各自对应维度的主要组成成分。

在三维张量情况下，Tucker 分解可以表示为

$$\hat{X}=G\times_I S\times_J T\times_K =\sum_{p=1}^{P}\sum_{q=1}^{Q}\sum_{r=1}^{R}g_{pqr}s_p\odot t_q\odot d_r$$

$$=[G;S,T,D] \tag{2-25}$$

式中　$S\in R^{I\times P}$，$T\in R^{J\times Q}$，$D\in R^{K\times R}$——因子矩阵；

$G \in R^{P \times Q \times R}$——核心张量；

$\times_I$——张量矩阵乘法；

I——张量的指定维度，如 $H = G \times_I S$ 即为 $H_{ijk} = \sum_{i=1}^{P} G_{ijk} \times S_{ij}$；

◎——矢量外积，即张量的每一个元素都为相应矢量元素相乘的结果。

同时，当 $P < I$，$Q < J$，$R < R$ 时，G 可以被视为 X 的压缩状态。

此时，需解决的优化张量分解的目标函数即为

$$L(X) = \min_{\hat{X}} \| X - \hat{X} \| = \| X - G \times_I S \times_J T \times_K D \|^2 + \frac{\lambda}{2} (\| G \|^2 + \| S \|^2 + \| T \|^2 + \| D \|^2)$$

$$(2-26)$$

式中　　　　　　　　　　$\| \cdot \|^2$——l2 正则化；

$\| X - G \times_I S \times_J T \times_K D \|^2$——张量分解误差；

$\frac{\lambda}{2} (\| G \|^2 + \| S \|^2 + \| T \|^2 + \| D \|^2)$——对过拟合的惩罚项；

λ——控制正则化处罚的参数。

通过最小化目标函数，可以得到优化的 S、T 和 D，从而推测出 X 中缺失的数值。

模型训练有以下主要流程：

（1）将数据构建张量 X，并进行归一化处理。

（2）初始化张量 G、S、T、D；在 X 中划分训练集和测试集。

（3）将训练集进行迭代张量分解，根据目标函数计算损失。

（4）判断是否满足终止条件，即 $L_{i+1}(X) - L_i(X) < \varepsilon$，若不满足则返回上一步。

上下文感知的张量分解模型如图 2-5 所示。

2.5.2　模型评估

利用历史数据和电站其他气象因子数据，预测电站 24h 内的实验气象因子。由于所有电站都处于一个区域，所处地理位置相近，其他电站的气象因子数据也可作为预测依据。

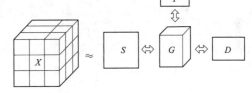

图 2-5　上下文感知的张量分解模型

然后，将预测日气象因子数据作为测试集，其原始值用作真值，评估预测值。

均方根误差 RMSE 和均方根误差 MSE 被用于评估模型预测准确性。误差指标的值越小，表示预测精度越高，即

$$MAE = \frac{\sum_i | y_i - \hat{y_i} |}{n} \qquad (2-27)$$

$$RMSE = \left[\frac{\sum_i (y_i - \hat{y_i})^2}{n} \right]^{1/2} \qquad (2-28)$$

式中　n——预测值的总数；

y_i——第 i 个条目的实际值；

$\hat{y_i}$——第 i 个条目的预测值。

参 考 文 献

［1］ Zheng Y，Liu T，Wang Y，et al. Diagnosing New York city's noises with ubiquitous data ［C］. In：Proceedings of the 2014 ACM International Joint Conference on Pervasive and Ubiquitous Computing. Seattle，USA，2014：1－11.

［2］ Kolda T G，Bader B W. Tensor decompositions and applications ［J］. SIAM review，2009，51（3）：455－500.

第3章 多源异构数据集成

分布式光伏电站运维与光伏系统中的电气参量、外部气象环境等结构化数据以及客户档案、视频图片等非结构化数据有密切的关系。通过智能方法获取各类数据，在对数据进行预处理后进行数据集成，用于对整个系统进行优化，有助于运维资源调度，维护系统稳定。

3.1 光伏数据多尺度融合

光伏系统具有海量的不同尺度的数据。对多尺度数据进行融合不仅能够实现高效率，同时也能增加准确度。

3.1.1 多尺度平滑算法

1. 多尺度随机模型

二叉树的动态模型是一种典型的多尺度随机模型，如图3-1所示。树上的每个节点用一个抽象指标 s 表示 S 代表树上所有节点的集合，同时定义一个后向变换 $\bar{\gamma}$ 和两个前向变换 α 和 β，这样就可在 S 上给出从粗尺度到细尺度的尺度递归线性动态模型，即

$$x(s)=A(s)x(s\bar{\gamma})+B(s)w(s) \quad (3-1)$$

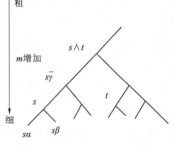

图3-1 二叉树的动态模型

式中 $w(s)$——均值为零、协方差为 I 的白噪声；

$x(s)$——均值为零的 n 维随机过程；

$A(s)x(s\bar{\gamma})$——粗尺度到细尺度的预测值或插值；

$B(s)w(s)$——更高分辨率的细节从一个尺度增加到下一个更细的尺度。

多尺度随机模型算法中，将遇到细尺度到粗尺度的预测和递归问题，可用 $x(s)$ 表示 $x(s\bar{\gamma})$，同时噪声和 $x(s)$ 不相关，故采用的模型为

$$x(s\bar{\gamma})=F(s)x(s)-A^{-1}(s)B(s)\tilde{w}(s) \quad (3-2)$$

$$F(s)=A^{-1}(s)[I-B(s)B^{\mathrm{T}}(s)P_x^{-1}(s)]$$

$$=P_x(s^{\gamma})A^{\mathrm{T}}(s)P_x^{-1}(s) \quad (3-3)$$

$$\tilde{w}(s)=w(s)-E[w(s)|x(s)] \quad (3-4)$$

沿着树上所有向上的路径，$\tilde{w}(s)$ 为白噪声，即如果 $s \wedge t=s$ 或 t，则 $\tilde{w}(t)$ 和 $\tilde{w}(s)$ 不相关。

2. 多尺度过程的双向估计算法

针对上节 $x(s\bar{\gamma})$ 式描述的动态系统，引入一个双向估计算法，可对多个尺度的测量数据进行估计、平滑和融合，这是时间序列（Rauch - Tung - Striebel，RTS）算法的推广。考虑标准的 RTS 算法，由一个前向的卡尔曼滤波开始，再加上一个后向的平滑过程。这个方法推广到二叉树模型也具有相同的结构，有以下不同点：

（1）对于标准的 RTS 算法，估计过程对于时间是完全对称的，即以卡尔曼滤波开始，后面跟着一个平滑过程，它们在时间上是相反的。对于二叉树上的过程，卡尔曼滤波是从细尺度到粗尺度（即与上面模型）定义的方向相反），然后再加上一个从粗尺度到细尺度的平滑过程。

（2）二叉树上一个完整的卡尔曼递归步骤包括：①测量更新；②两个并行的后向预测；③这些预测估计的融合。最后的步骤在时间卡尔曼滤波算法中没有对应的部分。另外，这种算法有塔式结构，这与树的结构相一致，因此具有相当程度的并行性。为了给出算法，先定义概念为

$$\hat{x}(\cdot|s)=E[x(\cdot)|\text{已知节点 } s \text{ 及其子节点上的测量} Y_s] \tag{3-5}$$

$$\hat{x}(\cdot|s+)=E[x(\cdot)|\text{已知 } s \text{ 子节点上的测量} Y_s^+] \tag{3-6}$$

假设已计算了 $\hat{x}(s|s+)$ 和相应的误差协方差 $P(s|s+)$，对上面 $x(s\bar{\gamma})$ 式运用标准的卡尔曼滤波，产生更新估计及协方差 $\hat{x}(s|s)$ 及协方差 $P(s|s)$。接着，假设已经计算了 $\hat{x}(s\alpha|s\alpha)$ 和 $\hat{x}(s\beta|s\beta)$。卡尔曼滤波递归的最后一步是把上面的预测估计融合在一起形成 $\hat{x}(s|s+)$，即

$$\hat{x}(s|s+)=P(s|s+)[P^{-1}(s|s\alpha)\hat{x}(s|s\alpha)+P^{-1}(s|s\beta)\hat{x}(s|s\beta)] \tag{3-7}$$

$$P(s|s+)=[P^{-1}(s|s\alpha)+P^{-1}(s|s\beta)-P_x^{-1}(s)]^{-1} \tag{3-8}$$

这就完成了从粗尺度到细尺度的卡尔曼滤波递归算法。

现在来计算平滑估计 $\hat{x}_s(s)$，即基于有限子树上所有的数据对 $x(s)$ 进行最优的平滑估计。这时有限子树的根节点是 0，有 M 个尺度。在这种情况下，卡尔曼滤波递归算法在尺度 M 上的初始化条件由 $\hat{x}(s|s+)=0$ 和 $P(s|s+)=P_s(t)$ 给出。一旦卡尔曼滤波到达了树上最高的根节点，计算出 $\hat{x}(0|0)$，就给出了粗尺度到细尺度平滑算法的初始条件 $\hat{x}_s(0)=\hat{x}(0|0)$。假设已计算了 $\hat{x}_s(s\bar{\gamma})$，然后与细尺度到粗尺度的滤波估计 $\hat{x}(s|s)$ 融合在一起，可得到 $\hat{x}_s(s)$。

$$\hat{x}_s(s)=\hat{x}(s|s)+J(s)[\hat{x}_s(s\bar{\gamma})-\hat{x}(s\bar{\gamma}|s)] \tag{3-9}$$

$$J(s)\triangleq P(s|s)F^{\mathrm{T}}(s)P^{-1}(s\bar{\gamma}|s)$$

3. 算法优点

上述高度并行估计结构适用于很丰富的一类过程，有着很强的应用背景。同时，该算法有如下优点：

（1）许多步骤可并行执行，以加快计算速度。例如，在最细尺度上有 $2M$ 个节点，多尺度估计算法的计算时间和树上的尺度个数成正比，即有 $O(M)$ 步。而对于长度为 $2M$ 的信号，标准的 RTS 平滑器则需要 $O(2M)$ 步。

（2）算法可以把多个尺度的数据融合在一起，且不增加计算量。这与标准的卡尔曼滤

波器形成了鲜明对比。在维数 $N=4$ 的情况下，产生的卡尔曼滤波器是 4 维的，可推导出 4×4 的黎卡提方程。如果要把较粗尺度的测量融合进来，情况将更糟。而多尺度滤波器的维数总是 1，与将要处理的测量尺度无关。

（3）最重要的是，同样的思想可以扩充到 $2-D$ 数据，比以前其他算法减少很多计算量。

3.1.2 基于小波变换的动态多尺度数据融合算法

1. 问题描述

一个有 N 个传感器的多尺度动态系统可描述为

$$x(k_N+1)=A(k_N)x(k_N)+B(k_N)w(k_N) \tag{3-10}$$

$$z(k_i)=C(k_i)x(k_i)+v(k_i)i=1,\cdots,N \tag{3-11}$$

矢量 $x(k_N)\in R^{n\times1}$ 代表尺度 N 上的状态向量；模型误差用一个均值为 0、方差为 $Q(k_N)$ 随机过程 $w(k_N)$ 表示；测量误差 $v(k_i)$ 的均值为 0、方差为 $R(k_i)$。状态向量 $x(k_N)$ 的初始值是自由矢量 $\boldsymbol{x}(0)$，其均值为 x_0，方差阵为 P_0。假设 $x(0)$，$w(k_N)$ 和 $v(k_i)$ 之间相互独立。多尺度多传感器系统是一个相当复杂的系统，它有 4 套指标，包括传感器指标、尺度指标和两套时间指标。为了清楚起见，假设尺度指标和传感器指标相同。尺度指标，即传感器指标用下标 i 表示。在每个尺度上有两个时间指标：一个表示时间序列，一个表示时间块。尺度 i 上的时间序列指标用 k_i 表示，例如 $z(k_i)$ 表示由传感器 i 提供的量测值；$x(k_i)$ 是 $x(k_N)$ 在尺度 i 上的粗化状态矢量。根据多尺度数据的性质，整个多尺度传感器系统的动态递推用时间块描述。时间块的指标用下标 m 表示，长度由尺度决定。例如，最高尺度 $N=4$，则时间块的长度为 $2^{N-1}=8$。

2. 算法描述

有两种类型的分布式滤波：带反馈的和不带反馈的。为了说明分布式多尺度估计的框架可采用带反馈的分布式滤波（不带反馈的分布式滤波算法可用相同的方法推导）。

在这个算法中有 N 个传感器，每个传感器提供不同尺度上的量测值，最高尺度为 N。假设在最高尺度 N 上，已知中央点第 m 时间块的估计值为 $X_{m|m}(k_N)$ 和估计误差的方差为 $P_{m|m}(k_N)$。为了起始算法，必须得到时间块的初始值 $X_{0|0}(k_N)$ 和 $P_{0|0}(k_N)$，把 $x(0)$ 代入 $x(k_N+1)$ 式进行反复迭代就可得到。算法有以下步骤：

（1）在中央点用第 m 块的估计值 $X_{m|m}(k_N)$ 和方差 $P_{m|m}(k_N)$ 来预测 $m+1$ 块的估计值 $X_{m+1|m}(k_N)$ 和方差 $P_{m+1|m}(k_N)$。

（2）为了更新不同尺度的数据，用小波变换把一步预测值 $X_{m+1|m}(k_N)$ 和 $P_{m+1|m}(k_N)$ 向局部传感器转换，在尺度 i 上（也就是传感器 i 上）得到近似信号 $X_{m+1|m}(k_i)$、细节信号 $Y_{m+1|m}(k_i)$ 及相应的协方差 $P_{XX_{m+1|m}}(k_i)$、$P_{XY_{m+1|m}}(k_i)$ 和 $P_{YX_{m+1|m}}(k_i)$。

（3）在局部传感器中分解后的信号 $X_{m+1|m}(k_i)(i=1,\cdots,N)$ 和方差 $P_{XX_{m+1|m}}(k_i)$ 被尺度 i 上的量测值 $Z_{m+1}(k_i)$ 更新，即用标准的卡尔曼滤波对其进行处理得到 $X_{m+1|m+1}(k_i)$ 和 $P_{XX_{m+1|m+1}}(k_i)$。

（4）利用小波逆变换，将不同尺度的局部更新估计值 $X_{m+1|m+1}(k_i)$、误差方差 $P_{XX_{m+1|m+1}}(k_i)$ 以及增加的细节 $Y_{m+1|m+1}(k_i)$、$Y_{m+1|m+1}(k_{i+1})$、$\cdots$、$Y_{m+1|m+1}(k_{N-1})$ 重构回中心点，得到 N 个重构的估计值 $X^i_{m+1|m+1}(k_N)$，上标 i 表示在重构前数据是从传感

器 i（尺度 i）传送至中心点（尺度 N）的。

（5）在最高尺度上，把 N 个重构的估计值 $X^i_{m+1|m+1}(k_N)$ 融合在一起可得到 $X_{m+1|m+1}(k_N)$。这个融合过程是最优的，所产生的融合误差的方差 $P_{m+1|m+1}(k_N)$ 是最小的。融合后的估计值为

$$X_{m+1|m+1}(k_N) = P_{m+1|m+1}(k_N) \times \sum_{i=1}^{N} [P^i_{m+1|m+1}(k_N)]^{-1} \tag{3-12}$$

$$X^i_{m+1|m+1}(k_N) - (N-1)P^{-1}_{m+1|m}(k_N)X_{m+1|m}(k_N)] \tag{3-13}$$

最小方差为

$$P^{-1}_{m+1|m+1}(k_N) = \sum_{i=1}^{N} [P^i_{m+1|m+1}(k_N)]^{-1} - (N-1)P^{-1}_{m+1|m}(k_N) \tag{3-14}$$

3. 该算法的优点

对于单一尺度的多传感器系统，分布式滤波算法是一种计算效率很高的方法。然而，对于多尺度传感器信息的最优动态融合问题，很长时间都没有得到彻底解决。上面给出的算法是一种最优的动态多尺度分布式滤波算法，在最小估计误差方差意义下是最优的。因为需要新的量测数据，所以算法是动态的。新的融合估计基于以前的融合估计和新的测量值，小波变换被用来连接不同尺度之间的传感器数据。这个算法对于动态多传感器数据融合是很有效的。

3.1.3 动态系统的多尺度递归估计

1. 问题的提出

将卡尔曼滤波用于大型动态系统时，由于更新步骤中求矩阵逆的计算量很大，而且整个误差协方差阵的存储量也很大，所以卡尔曼滤波并不适合于大型系统，即上节中介绍的算法不能用于大型动态系统的多尺度数据融合。如果能为预测误差 $\tilde{z}(t|t-1) = z(t) - \tilde{z}(t|t-1)$ 找到一个简单的多尺度模型，就能有效地计算 $\tilde{z}(t|t-1)$ 的估计值。动态系统多尺度递归估计算法为估计误差 $\tilde{z}(t|t)$ 建立了多尺度模型，并根据 $\tilde{z}(t|t)$ 的多尺度模型和时间动态特性来建立预测误差 $\tilde{z}(t+1|t)$ 的多尺度模型，同时融合多个尺度的测量数据。为了使算法具有一般意义，用 χ 代替 $\tilde{z}$。

为了提出递归算法，明确以下假设：

（1）估计误差映射到多尺度树的最细尺度上，这样时间动态方程就描述了最细尺度上的动态特性。

（2）用内部实现模型为估计误差建模。所谓的内部实现，即树上的多尺度状态可写成最细尺度变量的线性函数，即 $x(s) = L'(s)\chi(s)$，其中 $\chi(s)$ 代表最细尺度上的过程。

2. 算法描述

假设已有预测估计误差的多尺度模型 $\{A(s,t|t-1), B(s,t|t-1)\}$，同时有定义状态的线性函数集。用 $\chi(0,t|t-1)$ 代表最细尺度上变量的集合，其中第一个指标 $s=0$ 说明它包括根节点在最细尺度上所有的直系分支，第二个指标说明模型是 t 时刻的预测误差。用多尺度平滑器可计算出 $\chi(0,t|t-1)$，同时产生了多尺度模型 $\{A(s,t|t), B(s,t|t)\}$。如何根据 $\{A(s,t|t), B(s,t|t)\}$ 为一步预测误差建立多尺度模型 $\{A(s,t+1|t), B(s,t+1|t)\}$ 是下面将要阐述的问题。

在最细尺度上，状态的时间动态方程为

$$\chi(0,t+1|t)=A_d\chi(0,t|t)+w_d(t) \tag{3-15}$$

其中 $w_d(t)$ 和 $\chi(0,t|t)$ 不相关。预测模型中的状态可通过下式和更新模型中的状态相联系

$$\begin{aligned}x(s,t+1|t)&=L^t(s)\chi(0,t+1|t)\\&=L^t(s)A_d\chi(0,t|t)+L^t(s)w_d(t)\end{aligned} \tag{3-16}$$

式（3-16）可用节点 s 的第 i 个状态变量表示

$$x_i(s,t+1|t)=l_i^t(s)A_d\chi(0,t|t)+l_i^t(s)w_d(t) \tag{3-17}$$

为计算预测模型中的模型参数 $\{A(s,t+1|t),B(s,t+1|t)\}$，需要知道预测模型中各个节点状态的协方差 $E[x(s,t+1|t)x'(s,t+1|t)]$ 以及一个节点和它的父节点状态之间的互协方差 $E[x(s,t+1|t)x'(s\bar{\gamma},t+1|t)]$。原则上，式（3-17）可给出需要的协方差，但要计算最细尺度上的整个协方差阵 $P_\chi(t|t)$。选取适当的线性函数使 $l_i^t(s)A_d$ 中有许多零元素，这样就只需计算 $P_\chi(t|t)$ 中需要的项，计算得到了简化。

3. 该算法的优点

以前对多尺度方法的研究几乎只局限于静态自由场的建模和估计。然而，在一些应用中对时间动态性的研究是必不可少的。根据以往多尺度方法在一些领域中的研究结果，上面给出的算法把多尺度框架扩展至动态估计。这种算法是次优的，但有效地解决了计算上的困难，并给出了描述估计误差统计特性简洁、有效的表达式，非常适合于大型动态系统的估计和数据融合。

3.2 运维资源优化调度

随着光伏电站接入电网的比例不断提高，光伏电站出力的随机性和波动性给电力系统优化调度带来较大影响。为保证优化调度的可靠性，将盒式集合鲁棒优化理论引入到含大规模光伏电站的电力系统优化调度中。同时为了协调系统调度中可靠性与经济性之间的矛盾，引入不确定性预算的概念以实现不确定区间可调节鲁棒优化，弥补盒式集合鲁棒优化偏于保守的不足，构建可靠性与经济性相协调的含光伏电站的电力系统不确定区间可调节鲁棒优化调度模型。并根据所构建的优化调度模型推导出一个不确定性预算决策方法，从而降低不确定性预算决策的盲目性。最后采用微分进化算法对动态优化调度问题进行求解。

3.2.1 光伏电站出力的不确定性

由于光伏电站出力周期性和随机性的特点，有

$$\begin{cases}p_{\mathrm{pv}j,t}=\bar{p}_{\mathrm{pv}j,t}+\hat{p}_{\mathrm{pv}j,t}\\\mathrm{s.t.}\ \underline{\hat{p}}_{\mathrm{pv}j,t}\leqslant\hat{p}_{\mathrm{pv}j,t}\leqslant\bar{\hat{p}}_{\mathrm{pv}j,t}\end{cases} \tag{3-18}$$

式中　　$p_{\mathrm{pv}j,t}$——第 j 个光伏电站在 t 时刻的出力；

$\bar{p}_{\mathrm{pv}j,t}$、$\hat{p}_{\mathrm{pv}j,t}$——预测出力和实际出力与预测出力的偏差；

$\bar{\hat{p}}_{\mathrm{pv}j,t}$、$\underline{\hat{p}}_{\mathrm{pv}j,t}$——$\hat{p}_{\mathrm{pv}j,t}$ 的上下限。

3.2.2 考虑不确定性下的目标函数

假设光伏电站 j 在 t 时段出力在 $[\bar{p}_{\mathrm{pvj},t}+\underline{\hat{p}}_{\mathrm{pvj},t},\ \bar{p}_{\mathrm{pvj},t}+\bar{\hat{p}}_{\mathrm{pvj},t}]$ 范围内满足以 $\bar{p}_{\mathrm{pvj},t}$ 为期望值的正态分布,将该光伏电站该时刻的出力调度区间表示为 $[\bar{p}_{\mathrm{pvj},t}+r_{\mathrm{pvj},t}\underline{\hat{p}}_{\mathrm{pvj},t},\ \bar{p}_{\mathrm{pvj},t}+r_{\mathrm{pvj},t}\bar{\hat{p}}_{\mathrm{pvj},t}]$,其中 $r_{\mathrm{pvj},t}\in[0,1]$ 为光伏电站 j 在 t 时段出力的调度区间系数,调度区间系数设置越大说明所得到的鲁棒调度方案对该光伏电站出力不确定性的可容忍范围越大。

考虑到不同光伏电站出力之间在同一时刻并不存在明显相关性,若系统中总共含有 M 个光伏电站,可将系统在 t 时刻的出力不确定性预算 $\varGamma_t$ 定义为各光伏电站的调度区间系数之和的上限值,可表达为

$$\sum_{j\in M} r_{\mathrm{pvj},t}\leqslant \varGamma_t \tag{3-19}$$

很明显 $\varGamma_t\in[0,M]$。根据系统实际运行情况可设定不确定性预算 $\varGamma_t$ 的大小,由此来调节光伏电站优化调度的鲁棒性。当 $\varGamma_t=0$ 时,即不确定集合 U 为空集,此时考虑光伏电站出力为期望值,不考虑出力不确定性影响,系统运行鲁棒性较差。随着 $\varGamma_t$ 的设定值不断增大,即光伏电站的允许出力范围不断增大,则系统运行的鲁棒性逐渐提高,但由此会使系统备用容量需求增多,运行经济性也相应地下降。

根据《中华人民共和国可再生能源法》,光伏发电优先上网,但光伏电站出力的不确定性将导致系统备用容量增加。作为常规机组耗量成本及不确定性预算影响的不确定区间可调节鲁棒优化调度目标函数即

$$\min F=\sum_{t=1}^{T}\sum_{i\in N}\{a_i+b_i p_{i,t}+c_i p_{i,t}^2+|g_i\sin[h_i(p_{i,t}-p_{i\min})]|\}+\sum_{t=1}^{T}\sum_{j\in M}k_j r_{\mathrm{pvj},t}\bar{\hat{p}}_{\mathrm{pvj},t} \tag{3-20}$$

式中　　F——调度周期内的总发电费用;

　　　　N——常规发电机组数;

　　　　T——调度周期内总的发电时段数;

　　a_i、b_i、c_i——燃料费用系数;

　　　g_i、h_i——阀点效应系数;

　　　　$P_{i,t}$——火力发电机组 i 在 t 时段输出的有功功率;

　　　　M——光伏电站数;

　　　　k_j——第 j 个光伏电站出力的旋转备用容量交易成本惩罚系数。

系统备用容量可主要考虑当光伏电站实际出力低于期望出力时所需增加的正旋转备用,同时鉴于 $\underline{\hat{p}}_{\mathrm{pvj},t}=-\bar{\hat{p}}_{\mathrm{pvj},t}$,故式(3-20)中第 2 项考虑不确定预算影响,采用出力偏差上限值计算。

3.2.3 约束条件

(1)功率平衡约束

$$\sum_{i\in N}p_{i,t}+\sum_{j\in M}p_{\mathrm{pvj},t}=p_{\mathrm{D}t} \tag{3-21}$$

式中　　$p_{\mathrm{D}t}$——系统 t 时刻的负荷预测值。

（2）发电机组出力约束

$$p_{i\min}\leqslant p_{i,t}\leqslant p_{i\max} \tag{3-22}$$

式中　$p_{i\max}$、$p_{i\min}$——分别为常规发电机组 i 在 t 时刻的出力上、下限。

（3）旋转备用容量约束

该模型在系统负荷峰值时电力系统所需的旋转备用为

$$\sum_{i\in N}p_{i\max}+\sum_{j\in M}p_{\mathrm{pv}j,t}\geqslant p_{\mathrm{D}t}(1+L\%) \tag{3-23}$$

式中　$L\%$——针对系统负荷的旋转备用率。

（4）最小开/关时间限制

$$\begin{cases}[T_{\mathrm{R}i,t-1}-T_{\mathrm{R}i,\min}][\tau_{i,t-1}-\tau_{i,t}]\geqslant0\\[T_{\mathrm{S}i,t-1}-T_{\mathrm{S}i,\min}][\tau_{i,t}-\tau_{i,t-1}]\geqslant0\end{cases} \tag{3-24}$$

式中　$\tau_{i,t}$——常规机组 i 在 t 时刻的运行状态，$\tau_{i,t}=0$ 表示常规机组 i 在 t 时刻处于下线状态，$\tau_{i,t}=1$ 则表在线运行状态；

$T_{\mathrm{R}i,t-1}$，$T_{\mathrm{S}i,t-1}$——常规机组 i 在 $t-1$ 时间段内的连续在线时间和下线时间；

$T_{\mathrm{R}i,\min}$，$T_{\mathrm{S}i,\min}$——常规机组 i 最小在线时间和下线时间。

（5）爬坡率限制

$$\begin{cases}-R_{\mathrm{D}i}\leqslant(p_{i,t}-p_{i,t-1})\leqslant R_{\mathrm{U}i},\ p_{i,t-1}\geqslant p_{i\min}\\R_{0i}\leqslant|p_{i,t}-p_{i,t-1}|\leqslant R_{1i},\ 0<p_{i,t-1}<p_{i\min}\end{cases} \tag{3-25}$$

式中　$R_{\mathrm{D}i}$，$R_{\mathrm{U}i}$——常规机组 i 最大上坡率和最小下坡率；

R_{0i}，R_{1i}——常规机组 i 在开启和关闭过程中的上、下爬坡限制。

3.2.4　约束条件中光伏出力不确定性处理

将约束条件带入不等式约束，即

$$\sum_{j\in M}\hat{p}_{\mathrm{pv}j,t}\leqslant\frac{\sum\limits_{i\in N}p_{i\max}-\sum\limits_{i\in N}p_{i,t}(1+L\%)}{L\%}-\sum_{j\in M}p_{-\mathrm{pv}j,t} \tag{3-26}$$

$$\max\sum_{j\in M}\hat{p}_{\mathrm{pv}j,t}\leqslant\frac{\sum\limits_{i\in N}p_{i\max}-\sum\limits_{i\in N}p_{i,t}(1+L\%)}{L\%}-\sum_{j\in M}\bar{p}_{\mathrm{pv}j,t} \tag{3-27}$$

根据线性对偶理论有 $\max\sum\limits_{j\in M}\hat{p}_{\mathrm{pv}j,t}=-\min(-\sum\limits_{j\in M}\hat{p}_{\mathrm{pv}j,t})$，其中 $\min(-\sum\limits_{j\in M}\hat{p}_{\mathrm{pv}j,t})$ 的拉格朗日函数构造为

$$L\left(\sum_{j\in M}\hat{p}_{\mathrm{pv}j,t},Z,\delta,\gamma\right)=-\sum_{j\in M}\hat{p}_{\mathrm{pv}j,t}+z_t\sum_{j\in M}\hat{p}_{\mathrm{pv}j,t}+\delta_t\left(\sum_{j\in M}\hat{p}_{\mathrm{pv}j,t}-\sum_{j\in M}r_{\mathrm{pv}j,t}\hat{p}_{\mathrm{pv}j,t}\right)$$
$$+\gamma_t\left(\sum_{j\in M}r_{\mathrm{pv}j,t}\bar{p}_{\mathrm{pv}j,t}-\sum_{j\in M}\hat{p}_{\mathrm{pv}j,t}\right) \tag{3-28}$$

式中　z_t，δ_t，γ_t——拉格朗日系数。

对式（3-28）中的不确定量 $\sum\limits_{j\in M}\hat{p}_{\mathrm{pv}j,t}$ 运用线性对偶理论化简后，可得

$$\begin{cases} \max \sum_{j \in M} \hat{p}_{pvj,t} = \min \left(\delta_t \sum_{j \in M} r_{pvj,t} \underline{\hat{p}}_{pvj,t} - \gamma_t \sum_{j \in M} r_{pvj,t} \overline{\hat{p}}_{pvj,t} \right) \\ s.t. \begin{cases} -1 + z_t + \delta_t - \gamma_t = 0 \\ \delta_t \geqslant 0 \\ \gamma_t \geqslant 0 \end{cases} \end{cases} \quad (3-29)$$

综上，旋转备用容量不等式约束最终可化为

$$\sum_{i \in N} p_{i,t} \leqslant \left\{ \sum_{i \in N} p_{i\max} - L\% \left[\sum_{j \in M} \overline{p}_{pvj,t} + \delta_t \sum_{j \in M} r_{pvj,t} \underline{\hat{p}}_{pvj,t} - \gamma_t \sum_{j \in M} r_{pvj,t} \overline{\hat{p}}_{pvj,t} \right] \right\} / (1 + L\%)$$

$$(3-30)$$

分析所述旋转备用容量不等式约束可知，从系统动态响应能力的角度，当所有光伏电站出力均取允许出力区间的边界值时获得最恶劣场景。此时，光伏电站允许出力最小值为 $\overline{p}_{pvj,t} + \underline{\hat{p}}_{pvj,t}$，允许出力最大值为 $\overline{p}_{pvj,t} + \overline{\hat{p}}_{pvj,t}$。与光伏电站出力调度区间结合可知，考虑光伏电站极端出力情况时，光伏电站最大出力偏差下限 $\underline{\hat{p}}_{pvj,t}$ 即为当 $r_{pvj,t} = 1$ 时的 $r_{pvj,t} \underline{\hat{p}}_{pvj,t}$；最大出力偏差上限 $\overline{\hat{p}}_{pvj,t}$ 即为当 $r_{pvj,t} = 1$ 时的 $r_{pvj,t} \overline{\hat{p}}_{pvj,t}$。

3.2.5 不确定性预算决策方法

由于线性规划的最优解必在顶点处取得，在 t 时刻的极端出力场景中，若以 $R_{\#t}$ 表示调度区间系数为 1 的所有光伏电站集合，而仅有第 m 个光伏电站的调度区间系数不足 1，则该光伏电站的调度区间系数应为 $\Gamma_t - [\Gamma_t]$（其中 $[\Gamma_t]$ 表示不大于 Γ_t 的最大整数），此时光伏电站总出力可表达为

$$\sum_{j \in M} p_{pvj,t} = \sum_{j \in M \setminus R_{\#t}} \overline{p}_{pvj,t} - (\Gamma_t - [\Gamma_t]) \overline{\hat{p}}_{pvm,t} + \sum_{j \in R_{\#t}} (\overline{p}_{pvj,t} - \overline{\hat{p}}_{pvj,t}) \quad (3-31)$$

假设旋转备用约束被违反的概率为

$$P_{ts} \left\{ \sum_{i \in N} p_{i\max} + \sum_{j \in M} p_{pvj,t} < p_{Dt}(1 + L\%) \right\} \leqslant P_{ts} \left\{ \sum_{j \in M} \omega_{pvj,t} r_{pvj,t} \geqslant \Gamma_t \right\} \quad (3-32)$$

式中 $P_{ts}\{a > b\}$ ——表示 a 大于 b 的概率。

$$\omega_{j,t} = \begin{cases} 1, j \in R_{\#t} \\ \dfrac{\overline{\hat{p}}_{pvj,t}}{\overline{\hat{p}}_{pvg,t}}, j \in M \setminus R_{\#t} \end{cases} \quad (3-33)$$

其中 $\overline{\hat{p}}_{pvg,t} = \min \{\overline{\hat{p}}_{pvh,t}\}, h \in R_{\#t} \cup \{m\}$

对于 $\forall g \in R_{\#t} \cup \{m\}$，$\forall j \in M \setminus (R_{\#t} \cup \{m\})$，不等式 $P_{pvg,\max} - P_{pvg,t} \geqslant P_{pvj,\max} - P_{pvj,t}$ 必然成立，可知 $\omega_{pvj,t} \leqslant 1$。

在此基础上进一步推导可得

$$P_{ts} \left\{ \sum_{j \in M} \omega_{pvj,t} r_{pvj,t} \geqslant \Gamma_t \right\} \leqslant exp \left\{ -\Gamma_t^2 / 2M \right\} \quad (3-34)$$

综合可得

$$P_{ts} \left\{ \sum_{i \in N} p_{i\max} + \sum_{j \in M} p_{pvj,t} < p_{Dt}(1 + L\%) \right\} \leqslant \exp \left(-\frac{\Gamma_t^2}{2M} \right) \quad (3-35)$$

若要求约束条件至少以 $1 - \sigma$ 的概率得到满足，则应满足

$$\varGamma_t \geqslant \sqrt{-2M\ln\sigma} \tag{3-36}$$

式中 σ ——旋转备用约束被违反的概率。

根据式（3-36），用 α_{max}（$\alpha_{max}=1-e^{-M/2}$）表示当 $\varGamma_t=M$ 时约束条件可达到的最大置信度。

3.3 结构化数据和非结构化数据的集成

为支撑各项分布式光伏智慧运维大数据云平台各项业务开展，需要接入大量数据，其中既有光伏电站电气参量、气象信息等结构化数据，也有电站档案、音频、视频、图片等非结构化数据，主要数据有：

(1) 电站运行数据，主要包括分布式光伏电站光伏阵列、汇流箱、支路、逆变器变压器及并网点的电气数据、告警信号等。

(2) 各类智能巡检、运维设备获取的数据，主要包括故障录波、电能质量数据、可见光/红外热成像图片、监控视频、现场运维音频/视频等。

(3) 光伏电站档案信息，主要包括电站的名称、地址、建站并网时间、上网类型等信息，电站内各设备的名称、规格型号、厂商、投运时间、技术参数等信息。

(4) 运维方信息，主要包括运维公司信息、运维人员信息、巡检与运维信息等。

(5) 气象数据，主要包括分布式光伏电站现场温度、湿度、风速、风向、辐照度、天气类型的实时及预测信息，极端天气预警信息等。

(6) 电网公司数据，主要包括分布式光伏客户档案信息、业务办理信息、用电采集信息、电量电费信息等。

各种多源异构数据接入云平台后，首先进行数据智能预处理，包括去重、去噪、填充等操作；然后进行数据的特征提取，从原始数据中提取数据融合所需要的特征属性，再通过数据融合操作进一步得出融合结果；最后融合过后的数据被用于实际问题中。多源异构数据融合流程如图 3-2 所示。

图 3-2 多源异构数据融合流程

3.3.1 分布式光伏数据智能预处理方法

针对目前分布式光伏电站运维数据归集度低、故障诊断算法效率不高、运维数据合规性差的问题，利用分布式光伏数据智能预处理方法，通过聚类、模糊理论、贝叶斯等智能算法分析、推理和挖掘数据间的关联关系，进行异常数据检测，通过缺失数据填补，提升数据质量，为分布式光伏电站智慧运维提供高效数据支持。

1. 异常数据检测技术

异常数据检测是数据清洗中的重要一步。因此，异常数据检测是多源异构数据集成技术的基础，现有的多源异构数据异常检测技术具有以下缺陷：

(1) 基于 DBSCAN 数据聚类的异常检测技术具有中心点难以准确快速找到，DBSCAN 算法的阈值难以科学确定等技术缺陷，应用在电力数据异常检测中会导致无法快速准确地对异常数据进行检测区分，数据处理的准确性和实时性提升效果不太显著。

(2) 由于分布式光伏电站数据自身具有多维度，采集频率高等特点，现有的技术都只是针对传统电站的数据异常检测。缺少对分布式光伏电站自身数据特性进行方法上的改良，因此亟需一种适用于分布式光伏电站运维的异常数据检测方法。

鉴于此，针对分布式光伏电站运行异常数据检测辨识率不高，算法运行效率低下等难点、痛点，使用了基于指数平滑模型和 CFSFDP（Cluster by Fast Search and Find of Density Peaks）算法的分布式光伏电站异常数据检测方法。通过针对传感器数据快速存储的改进和检测算法的优化，有效地提高了分布式光伏电站异常数据的检测效率，更及时的发现分布式光伏电站运行过程中存在的异常情况，从而为分布式光伏电站的运行维护提供数据支撑，切实提高了分布式光伏电站发电效率及能力。

数据采集、数据存储、数据清洗、数据处理及反馈提供全流程的解决方案，分布式光伏电站异常数据检测流程如图 3-3 所示。

基于指数平滑模型和 CFSFDP 算法，对分布式光伏电站的运行状态数据进行异常检测的技术方案如下：

步骤 1：对在云数据中心通过时序数据库，快速准确的存储分布式光伏电站各个传感器采集到的电站运行数据。

步骤 2：对分布式光伏电站数据进行数据清洗，清除脏数据。

步骤 3：对分布式光伏电站运行数据进行指数平滑，预测一段时间的分布式光伏电站的运行数据。

步骤 4：将真实值与预测值的向量做差，且向量各分量取绝对值。

步骤 5：将得到的分布式光伏残差数据进行 CFSFDP 算法，选出数据集的中心点和异常点。

步骤 6：将聚类得到的正常点和异常点推送给监控系统，供分布式光伏电站运维人员查看决策。

其中步骤 5 采用 CFSFDP 算法实现异常数据检测的具体实现流程如图 3-4 所示。

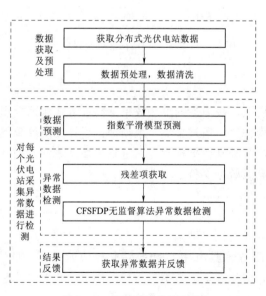

图 3-3　异常数据检测流程

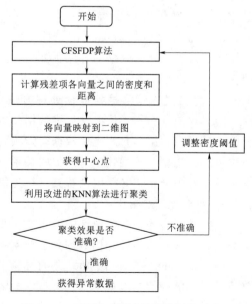

图 3-4　CFSFDP 算法异常数据检测流程

首先计算残差项各向量之间的密度；然后将各向量通过密度值和距离值，映射到 $\rho-\delta$ 的二维图中；取密度 ρ 与距离 δ 都相对大的值作为数据的中心点，再以中心点为初始点，利用改进的 KNN 算法，设置响应的密度阈值 E_{ps}，对数据进行聚类；其中不属于任何聚类簇的数据即为异常数据。

异常数据检测方法的实现原理及结果，如图 3-5 所示。其中，在图 3-5（a）中，能明显看到 26 号、27 号、28 号为异常数据，离其他数据较远；在图 3-5（b）中，可以看到，26 号、27 号、28 号点距离坐标 ρ 轴更近，距离 δ 轴更远，这些点即判定为异常点。该算法较现有异常检测算法而言，精度更高、运算速度更快。

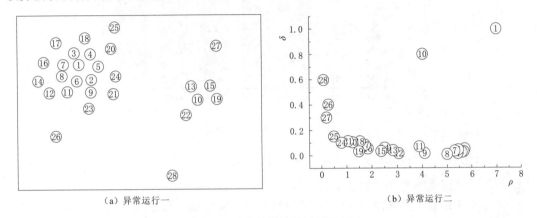

（a）异常运行一　　　　　　　　　（b）异常运行二

图 3-5　异常数据检测运行示意图

针对分布式光伏电站运维异常数据检测，利用基于密度与距离的 CFSFDP 算法，通过分析离群点周围密度低和离群点距中心点远的两个特性，快速地找到离群点，即异常数据。改进了之前单一基于密度或单一基于距离的数据异常检测算法。一方面尽可能不破坏电力原始数据之间的关联性；另一方面降低数据的维度和复杂度，实现异常数据的准确检测，从而确保电力大数据网络的安全态势，使得异常检测的结果更加准确，运算速度更加高效。

2. 缺失数据场景下的故障数据分类研究

缺失数据场景下的故障数据分类研究，主要针对智能光伏电网传感器收集数据的故障分类问题。虽然基于机器学习解决多分类问题，但是实际的数据收集情况往往不是理想的，数据可能会在收集或者传输的过程中出现丢失的情况；不同故障的数据往往比例相差特别大，有些故障种类的数据量很少，而其他故障种类的数据量非常多的问题等；因此，有必要结合实际情况而采用相应的算法或者对现有的算法进行改进，从而获得可以适应真实情况的解决方法。

（1）分类算法。真实场景是对故障进行分类，但是故障的种类往往是多种多样的，需要对二分类的支撑向量机适当改进，使用分解重组的支撑向量机算法用以解决故障数据的多分类问题。

使用支撑向量机分类算法的分类准确度结果如图 3-6 所示，其中横坐标表示使用了不同的插补算法得到的分类准确度，Original 代表的是原始有缺失的数据分类准确度；S

代表简单插值（simple imputation），S/mean 代表使用均值进行插补之后的分类准确度；S/medium 表示使用中位数进行插补之后的分类准确度；M 代表多重插值（multiple imputation）；M/B、M/D、M/E、M/K 分别表示使用贝叶斯回归模型、决策树回归模型、额外树回归模型和 KNN 模型的多重插值之后的分类准确度。从图 3-6 可以看出，现在的分类算法的准确度已经较高，各种分类算法差异不大。

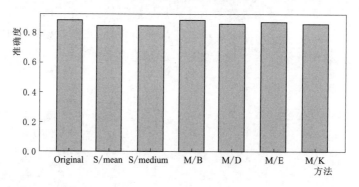

图 3-6　SVM 分类准确度

（2）插补算法。针对分布式光伏电网出现的数据缺失问题，基于多变量插补的框架，改进基于链式方程的多变量插补方法。

插补算法是基于多重插补（图 3-7）和贝叶斯回归模型框架的，在贝叶斯回归模型中，目标是拟合参数 β，即

$$y = \beta^{\mathrm{T}} X + \varepsilon \tag{3-37}$$

根据贝叶斯理论，可由下式得到参数 β 的先验概率分布

$$P(\beta \mid y, X) = \frac{P(y \mid \beta, X) \times P(\beta \mid X)}{P(y \mid X)} \tag{3-38}$$

插补算法并不基于推测缺失值的概率密度函数得到最终的插补值，而是基于链式方程，通过迭代收敛到最后的插补值。但是这个插补值并不是最终的插补值，而是进行多次这样的操作，并最终得到多个插补数据集，再对这多重插补数据集进行相应的处理得到最终的插补值。

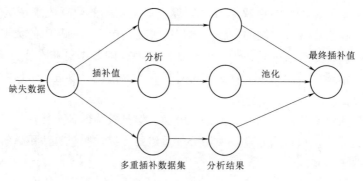

图 3-7　多重插补框架

插补算法仿真均方误差如图 3-8 所示，横坐标是插补方法，Original 代表的是原始有缺失的数据和真实数据集的误差；S 代表简单插值（simple imputation），S/mean 代表使用均值进行插补；S/medium 表示使用中位数进行插补；M 代表多重插值（multiple imputation）；M/B、M/D、M/E、M/K 分别表示使用贝叶斯回归模型、决策树回归模型、额外树回归模型和KNN模型的多重插值，纵坐标是对应的均方误差，可以看出改进版的插补方法 M/B（imp）的均方误差是最低的。

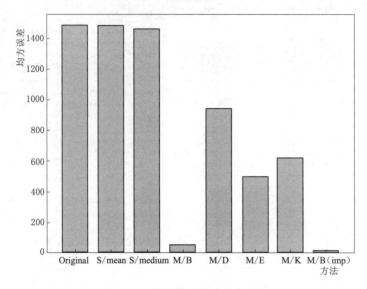

图 3-8　插补算法仿真均方误差

3.3.2　多源异构数据融合方法

多源异构数据融合方法采用基于 Hermite 正交基前向神经网络的数据融合方法，实现将多源数据融合在一起，形成统一的描述视图。

Hermite 正交基神经网络依据多项式插值与逼近理论，采用 3 层前向结构，它的隐层神经元的激励函数是一组 Hermite 正交多项式，线性激励函数作为其输入、输出层神经元的采用函数，它的权值修正迭代公式由 BP（误差回传）算法推导，并可进一步基于伪逆，一步直接确定权值，避免权值反复迭代的繁琐、冗余的训练过程。将 Hermite 正交基前向神经网络应用于云平台数据融合的流程如图 3-9 所示。

实际应用中将不同类型的数据进行融合处理，可对同一对象的不同类型的数据进行融合展示处理，突出数据的主要特征。也可对不同对象的相同属性数据进行融合展示处理，做属性的相关性分析，推断它们之间可能的内在联系。

3.3.3　数据集成应用

1. 基于 SARIMA 和 SVR 混合模型的短期电力需求预测

短期电力需求预测是智能电网最基础、最重要的应用。近年来，随着可再生能源和清洁能源的快速发展，电力需求预测再次得到特别关注。它对于发电机组的规划和电力市场的买卖都有着巨大的影响。此外，它还有利于实现需求响应和资源高效可靠配置，从而对光伏发电系统也有益处。虽然已经有大量的预测方法被提出，但由于其精确性的限制，这

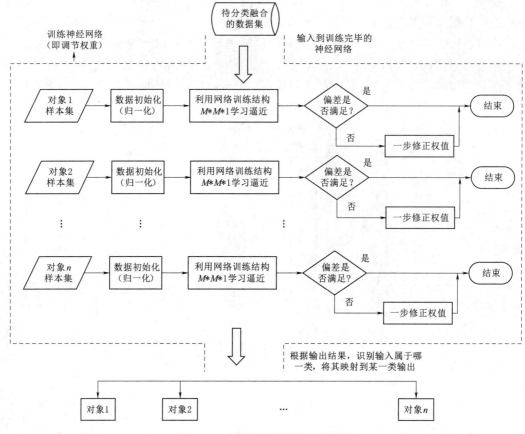

图 3-9 多源异构数据融合流程图

仍然是一个公开的挑战。使用基于季节性自回归差分移动平均（SARIMA）与支持向量回归（SVR）的混合方法进行每小时预测，有效克服了单模型泛化困难的问题。该模型的核心思想是使用 SARIMA 来拟合序列的线性部分，并用 SVR 来纠正偏差。

为了提高短期负荷预测的性能，使用 SARIMA 和 SVR 混合模型，在该模型中，总电力需求被认为是线性部分和非线性部分的总和。线性部分取决于由 SARIMA 捕获的一些固定因素的影响，而非线性部分由许多不确定的干扰因素决定，并由 SVR 进行补偿，即

$$Y_t = L_t + N_t \qquad (3-39)$$

在确定的时间 t，总电力需求为 Y_t，L_t 是线性分量，N_t 是非线性分量。

（1）SARIMA 模型。半个多世纪以来，Box-Jenkins ARIMA 线性模型一直主导着时间序列预测的许多领域。Box-Jenkins 预测方法的一个吸引人的特点是 ARIMA 流程是一类非常丰富的可能模型，通常可以找到一个为数据提供适当描述的过程。然而，电力需求数据具有很强的季节性和不稳定性，因此 SARIMA 模型倾向于能更好地捕捉其特性，它可以写成

$$\phi_p(B)\Phi_P(B^s)(1-B)^d(1-B^s)^D Y_t = \theta_q(B)\Theta_Q(B^s)a_t \qquad (3-40)$$

$$\varphi_p(B) = 1 - \varphi_1 B - \varphi_2 B^2 - \cdots - \varphi_p B^p$$

$$\Phi_P(B^s) = 1 - \Phi_1 B^s - \Phi_2 B^{2s} - \cdots - \Phi_P B^{Ps}$$

$$\theta_q(B) = 1 - \theta_1 B - \theta_2 B^2 - \cdots - \theta_q B^q$$

$$\Theta_Q(B^s) = 1 - \Theta_1 B^s - \Theta_2 B^{2s} - \cdots - \Theta_Q B^{Qs}$$

式中　B——向后移位运算符；

　　　a_t——一个均值为 0、方差为 σ_a^2 白噪声序列；

　　　Y_t——t 时刻的总电力需求。

SARIMA 模型通常也可表示为 $ARIMA(p,d,q) \times (P,D,Q)_s$，其中下标 s 指季节周期。$(1-B)^d$ 和 $(1-B^s)^D$ 分别是常规和季节性差分运算符，$\phi_p(B)$ 和 $\Phi_P(B^s)$ 分别是常规和季节性 AR 多项式，$\theta_q(B)$ 和 $\Theta_Q(B^s)$ 分别称作常规和季节性 MA 多项式。

（2）SVR 模型。SVR 构成了一种新的、有前景的数据回归方法。它侧重于寻找一个尽可能平坦的超平面，并对数据进行近似回归。

给定一个包含 N 个样本的数据集，即 (X_i, y_i)，$i=1,2,\cdots,N$，其中 $X_i = \{x_1, x_2, \cdots, x_n\} \in R^n$，并且 $y_i \in R$ 是对应于 X_i 的真实值。定义一个非线性映射 $\varphi(\cdot): R^n \rightarrow R^l (l > n)$ 将输入数据映射到一个高维特征空间，该特征空间可能具有无限维。然后，在高维特征空间中，理论上存在一个线性函数 f 来阐释输入数据与输出数据之间的非线性关系。下面是 SVR 函数可写为

$$f(x) = W^T \varphi(x) + b \tag{3-41}$$

式中　$f(x)$——预测值；

　　　W——l 维权重因子；

　　　b——可调因子。

与传统的回归模型不同，SVR 可以容忍 $f(X_i)$ 和 y_i 之间的最大偏差。因此，它的目标是尽量减少经验风险，即

$$R_{emp}(f) = \frac{1}{N} \sum_{i=1}^{N} \Theta_\varepsilon(y_i, W^T \varphi(x_i) + b) \tag{3-42}$$

式中　$\Theta_\varepsilon(y_i, W^T \varphi(x_i) + b)$ ——ε 不敏感损失函数。

$$\Theta_\varepsilon(y_i, W^T \varphi(x_i) + b) = \begin{cases} |W^T \varphi(x_i) + b - y_i| - \varepsilon, & if |W^T \varphi(x_i) + b - y_i| \geqslant \varepsilon \\ 0, & \text{otherwise} \end{cases}$$

$$\tag{3-43}$$

然而，如果没有精确近似数据响应的超平面，则可能不存在可行解。为了处理这种情况，引入松弛变量 ξ 和 ξ^* 来允许轻微误差，如果点分别位于超平面上方或下方，则误差不为 0。

该优化问题的表示为

$$\min_{W,b,\xi^*,\xi} R_\varepsilon(W, \xi^*, \xi) = \frac{1}{2} \|W\|^2 + C \sum_{i=1}^{N} (\xi_i^* + \xi_i) \tag{3-44}$$

约束条件为

$$y_i - W^T \varphi(X_i) - b \leqslant \varepsilon + \xi_i^*$$

$$-y_i + W^T \varphi(X_i) + b \leqslant \varepsilon + \xi_i$$

$$\xi_i^* \geqslant 0$$

$$\xi_i \geqslant 0$$
$$i = 1, 2, \cdots, N$$

式中 C——权衡训练误差和训练数据与超平面空间之间最大距离的参数。

在解决了具有不等性约束的二次优化问题后，获得参数向量 W 为

$$W = \sum_{i=1}^{N} (\alpha_i^* - \alpha_i)\varphi(X_i) \tag{3-45}$$

式中 α_i^*，α_i——拉格朗日乘数，通过求解二次方程获得。

最后，SVR 函数更新为

$$f(x) = \sum_{i=1}^{N} (\alpha_i^* - \alpha_i)K(X_i, X_j) + b \tag{3-46}$$

式中 $K(X_i, X_j)$——核函数，其值等于两个向量 X_i 和 X_j 在特征空间中 $\varphi(X_i)$ 和 $\varphi(X_j)$ 的内积，即 $K(X_i, X_j) = \varphi(X_i) \cdot \varphi(X_j)$。任何满足 Mercer 条件的函数都可以作为核函数。

常用的内核函数是多项式核、高斯核和 Sigmoid 核，其中高斯核应用最为广泛。它可以描述为 $K(X_i, X_j) = \exp(-0.5||X_i - X_j||^2/\sigma^2)$，其中 σ 是一个可调参数。高斯 RBF 内核不仅更易于实现，而且能够非线性地将训练数据映射到无限维空间，因此适合处理非线性关系问题。

2. 基于级联 LSTM 电力负荷预测

针对实际电力负荷预测需求，结合深度学习模型与混合模型的优势，可以形成一种基于级联 LSTM 的短期电力负荷预测模型。将预测过程分为两个阶段，分别使用 LSTM 模型提取电力负荷的周期性特征和波动性特征，然后再得到最终的预测结果。

级联 LSTM 模型流程图，如图 3-10 所示。模型的训练过程分为数据预处理阶段、周期性模型训练阶段、数据处理阶段、波动性模型训练阶段和测试阶段 5 个阶段。

（1）在数据预处理阶段，首先使用均值法对存在缺失的原始电力负荷数据进行补全；然后按照一定的比例将原始数据划分为训练集和测试集，分别进行归一化操

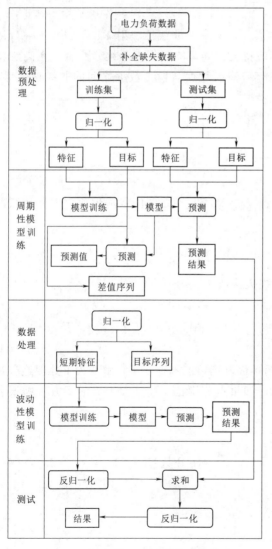

图 3-10 级联 LSTM 模型流程图

作；最后，将电力数据序列进行特征和目标的划分。

（2）在周期性模型训练阶段，建立长时段的 LSTM 模型，采用长达一周以上的训练数据来建立周期性模型特征，然后使用训练后的模型预测训练样本，将预测值与原负荷序列的差值作为下一阶段的训练样本。

（3）在数据处理阶段，将差值序列再一次划分为短期特征和目标序列。

（4）在波动性模型训练阶段，建立短时段的 LSTM 模型，采用较短时段的训练数据来建立波动性模型特征，学习和预测差值序列。

（5）在测试阶段，需要按顺序使用不同的训练模型对测试集序列进行预测，将周期性预测结果与波动性预测的反向归一化结果相加之后得到最终的预测归一化结果，最后再使用反向归一化即可得到真实的电力负荷预测数据。

级联 LSTM 模型结构可以分阶段学习电力负荷时间序列数据特征，从而进一步提升模型的预测效果。

3.4 云平台数据安全防护体系

云平台的数据按照其属性或特征，分为设备数据、业务系统数据、知识库数据、用户个人数据共 4 类数据。按照数据敏感程度不同，又可以分为一般数据、重要数据和敏感数据 3 种。数据安全涉及数据采集、传输、存储、处理等各个环节。随着数据由少量、单一、单向传输向大量、多维、双向传输转变，数据的体量不断增大、种类不断增多、结构日趋复杂，由此带来的安全风险主要包括数据泄露、非授权分析、用户个人信息泄露等。

云平台数据安全防护体系依据《国家电网公司智能电网信息安全防护总体方案》（国家电网信息〔2011〕1727 号）要求，遵循"分区分域、安全接入、动态感知、全面防护"的安全策略，按照等级保护三级系统要求进行安全防护设计，采取明示用途、数据加密、访问控制、业务隔离、接入认证、数据脱敏等多种防护措施，覆盖包括数据收集、传输、存储、处理等在内的各个环节，防止核心数据被窃取和修改，最大限度的保障云平台安全、可靠、稳定运行。

3.4.1 应用安全

1. 身份鉴别

系统提供专用的登录控制模块对登录用户进行身份标识和鉴别。用户身份鉴别信息不易被冒用，口令复杂度满足一定要求并进行定期更换；提供用户身份标识唯一和鉴别信息复杂度检查功能，保证应用系统中不存在重复用户身份标识；用户在第一次登录系统时修改分发的初始口令，口令长度不得小于 8 位，且为字母、数字或特殊字符的混合组合，用户名和口令禁止相同；应用软件不得明文存储口令数据；提供登录失败处理功能，可采取结束会话、限制非法登录次数和自动退出等措施；系统通过启用身份鉴别、用户身份标识唯一性检查、用户身份鉴别信息复杂度检查以及登录失败处理功能，并根据安全策略配置相关参数。

2. 访问控制

系统提供了访问控制功能，依据安全策略实现用户对文件、数据库表等客体访问的控制。访问控制的覆盖范围包括与资源访问相关的主体、客体及它们之间的操作；由授权主体配置访问控制策略，并严格限制默认账户的初始访问权限；授予不同账户为完成各自承担任务所需的最小权限，并在它们之间形成相互制约的关系。

3. 安全审计

系统的安全审计覆盖到每个用户的安全审计功能。具体对应用系统重要安全事件进行审计；保证操作日志无法被删除、篡改或覆盖，审计记录的内容包括事件日期、时间、发起者信息、类型、描述和结果等信息，通过加密保存。

4. 资源控制

应用系统之间，通信双方中的一方在一段时间未做作任何响应，另一方能够捕捉到超时异常并结束会话，释放资源防止系统死锁，从而能够对应用系统的最大并发会话连接数进行限制，对单个账户和 IP 的多重并发会话进行限制。

5. 软件容错

提供数据有效性检验功能，保证通过人机接口输入或通过通信接口输入的数据格式或长度符合系统设定要求。

6. 通信保密性

在单系统单节点发生故障时，应用系统应能够继续提供一部分功能，并确保能够实施必要的措施；在通信双方建立连接之前，应用系统利用密码技术进行会话初始化验证，并对通信过程中的敏感信息字段进行加密。

7. 通信完整性

采用校验码技术保证通信过程中数据的完整性。通信和传输保护是指采用相关技术手段来保证通信过程中的机密性、完整性和有效性，防止数据在网络传输过程中被窃取或篡改，并保证合法用户对信息和资源的有效使用，具体包括：通过加密等方式保证非法窃取的网络传输数据无法被非法用户识别和提取有效信息；网络传输的数据采取校验机制，确保被篡改的信息能够被接收方有效鉴别。应确保接收方能够接收到网络数据，并且能够被合法用户正常使用。

8. 异常处理

云平台使用结构化异常处理机制；使用通用错误信息；程序发生异常时，终止当前业务，并对当前业务进行回滚操作，保证业务的完整性和有效性，必要时可以注销当前用户会话。

3.4.2　数据安全

在保证 TCP 长连接的安全性方面，一是对传输链路采用 TLS 进行加密，保证数据安全性；二是对能够连接 server 端的终端设备进行认证。终端设备在发起连接后，必须注册设备 ID，对用户名和密码进行认证，通过注册和认证后，server 端才会继续后续报文的处理，否则 server 端会直接断开连接。

对涉及客户敏感信息的数据项采取脱敏展示和传输。主要包括客户编号、客户账号、发电户号、客户名称、联系人姓名、联系人地址、联系电话、邮箱、身份证号、银行卡号。

针对客户敏感信息在页面展示、数据导出等情况下容易因拍照等原因泄露，采取水印技术对数据来源进行标识和数据溯源。对于导出的页面，如果包括客户敏感信息，JPG、

PDF 文件均需要自动生成水印背景。

3.4.3 主机安全

云平台主机是虚拟机运行的载体，控制着所有的硬件，并调度虚拟机之间的硬件资源分配，进行了如下安全配置：硬件具备冗余配置；及时安装升级虚拟化管理软件补丁，仅使用原厂提供的升级包；关闭不必要的服务，仅打开必须的端口，力争只运行必需的进程、服务和代理，严格限制在管理虚拟机所需的 API；加强用户、角色、权限管理，限制用户访问；尽可能使用管理工具客户端或第三方网络管理工具来管理主机，而不是以超级管理员（如 Administrator、Root 等）用户身份使用命令行。

3.4.4 网络安全

云应用管理系统各模块之间网络通信都具有常规安全防范策略和设备，如防火墙、入侵监测/防护系统（IDS/IPS）、代理服务器等相兼容，同时，在提供给外部用户的访问接口以及模块内部的相互通信，均为加密方式传输。云应用管理系统与各资源池适配器之间的通信安全也需要保证，如采用 ssl 加密传输。当通信中断后，需要即时告警，使得运维人员能够在第一时间解决网络故障，确保系统的正常运行。

3.4.5 终端安全

对终端操作系统需要进行安全配置加固，包括：遵循最小安装原则，仅安装必须的组件和应用程序；及时安装操作系统和应用软件的安全补丁。禁用一些不必要的服务（如无线接入、远程注册表管理等）；删除或禁用操作系统中未使用的用户账号，更改默认的管理账号；设置操作系统的账号密码策略，配置账号密码强度、账号锁定策略；开启操作系统的安全审计选项，设置操作系统的安全审计策略；配置操作系统的安全选项（如启用"关机时清理虚拟内存页面文件""不显示上次的用户登录名"等选项）。

参 考 文 献

[1] Karthika S, Margaret V, Balaraman K. Hybrid short term load forecasting using ARIMA‐SVM [C]. In: Proceeding of 2017 Innovations in Power and Advanced Computing Technologies (i‐PACT). IEEE, 2017, 1‐7.

[2] Krishnan M, Jung Y M, Yun S. Prediction of energy demand in smart grid using hybrid approach [C]. In: Proceeding of 2020 Fourth International Conference on Computing Methodologies and Communication (ICCMC). IEEE, 2020, 294‐298.

[3] Kong W, Dong Z Y, Jia Y, et al. Short‐term residential load forecasting based on LSTM recurrent neural network [J]. IEEE Transactions on Smart Grid, 2017, 10 (1): 841‐851.

第4章　智能故障诊断与预警

在分布式光伏电站运维中，由于电站规模小，部署分散，设备数量多，而存在很多问题。主要困难包括：电力检查需要大量工作，但效率不高；故障报警识别能力差，通常需要人员进行二次识别；很难找到损坏的零件，从而增加了操作和维护周期以及人工成本；功率损耗分析不够，操作维护缺乏指导；没有成熟有效的运营维护系统。因此，对分布式光伏电站进行故障诊断与预警、对整个配电网的鲁棒性进行分析能够评估当前配电网的状况，此外对破旧光伏组件的检测更有助于及时发现组件的具体问题，从而为智慧运维提供有力支持。

4.1　智能故障诊断技术

通过智能算法进行故障诊断首先应该对采集到的原始数据进行预处理，并明确一般的光伏故障种类，为智能算法的应用提供基础。通过一些机器学习、深度学习算法以及投票融合模型可以实现智能故障诊断，在此基础上可以进一步发展为专家系统，为故障诊断提供更便捷的途径。此外，故障诊断模型的效果可以通过模型评估方法进行评估说明。

4.1.1　数据处理

智能故障诊断系统是离线系统和在线系统的结合。离线系统通过已有的全天数据来训练模型并优化从而获得更好的性能。在线系统可以连接到实时数据收集系统，并通过在离线系统中训练得到的模型提供实时故障诊断。至于数据处理部分，对于离线系统和在线系统来说几乎相同。

1. 初步数据分析

原始数据涵盖了 4 个月的时间范围，并且每隔 5～15min 提供 4 台设备的整套数据。它包含 8 个重要的特征，分别存储在单独的数据表中，包括三相电流，三相电压，功率和总能量。

在建立模型之前，首先需要考虑光照、天气等非线性因素对光伏系统发电功率的影响。光伏系统在早晚间发电功率大致相同，而在 9：00—16：00 之间有较大浮动，这主要取决于当天的光照时间及天气状况。因此，需要采用聚类的方法将当前光伏系统运行数据根据当日白天发电功率分为 3 个模式。

2. 数据处理流程

通常离线系统的数据处理主要包括以下几个步骤：①导入原始数据；②数据预处理，其中包括数据清洗；③初步诊断故障类型；④特征工程，重构并选择重要特征；⑤将数据放入模型中进行模型训练。对于在线系统，只需消除与聚类有关的功能，因为它需要全天的数据。当然，在线系统的最后一步只需使用经过训练的模型进行故障诊断，因此与离线系统不同，在线系统没有模型训练的工作要做。数据处理流程中不包括以下步骤：

（1）步骤1，导入所有特征的原始运行数据，将这些数据的时间特征按照连续时间段分成几部分，从而使其分类更加清晰。然后，选择一个真正有意义的时间范围，从而排除一种很容易识别的故障，通信故障。这种故障非常普遍，它主要发生在设备的数据收集和数据传输期间。由于光伏电站的通信距离很长，设备间数据的传输很容易受到干扰。根据原始数据，可以注意到在每天19：00—翌日6：00，光伏电站所有运行数据的值均为0。此故障极有可能是由人工原因引起的。由于夜晚期间太阳能稀少，光伏系统无法运行，因此光伏电站仅在白天工作，管理员会在晚上关闭通信。由此，在接下来的数据处理中，可以直接剔除每天19：00—翌日6：00的运行数据，只处理每天7：00—18：00的运行数据。

（2）步骤2，进一步进行数据预处理。通过观察原始数据，可以发现光伏系统对各个特征的数据采集极其不稳定，且其采集频率大致在5~20min/次之间。因此，如果按照短时间频率采集数据，将会产生大量的缺失值。为了避免处理太多的缺失值，最好的解决方案是选择稍长时间且合适的采集频率，然后集中精力进行处理。采用1h作为采集频率，并且对于电流，电压和功率，只保留它们每小时的平均值。对于总能量，首先记录其每小时的最小值，然后通过从下一小时的能量最小值中减去上一小时的能量最小值的方法，计算该小时内的累计能量。

（3）步骤3，初步诊断。对于一些非常集中的缺失值，只需删除它们即可。例如，数据采集量异常稀少的天数将会被直接删除。然后，识别异常值为零值的故障类型，即开路故障。在开路故障中，电流的所有三相均为零，因此功率也为零。这可能是由某些硬件开路等原因引起的，也有可能是逆变器在光伏系统电压过高时做出的一种断电保护措施。

通过步骤1~步骤3的数据处理，即可从原始数据中剔除大量缺失值和基础故障数据，从而获得大量有效数据。

（4）步骤4，进行特征工程。由于原始运行数据给定的特征较多，直接导入模型会对模型训练的准确度产生较大的影响，因此需要对特征进行选择和优化。通过对业务的分析，最终决定保留所有三相的平均电流和电压，并添加两相之间的最大绝对差的新特征。

为了比较所有设备从而判定涉及环境因素的故障，还同时添加了所有设备的中值电流、电压、功率和能量。对于离线系统，可以首先对每日运行数据就发电功率进行聚类并将其对应的模式作为新的特征导入训练模型。这是提高模型最终预测准确性的非常有用的解决方案，因为光伏电站的运行数据大小非常依赖天气。对数据进行聚类是为了提前确认一天的模式。该模式对应于当天的天气，例如晴天，阴天或雨天。

完成以上所有步骤后，数据将变得更有条理，更有意义。随着特征维数的减少，数据将完全具备进入分类模型的条件。

4.1.2 分布式光伏电站故障类别

判断分布式光伏电站故障类别的模型是几种经典机器学习算法模型的融合，该模型最终故障诊断结果可能是正常观察或出现在光伏电站中的三种常见故障之一，即交流侧过压、三相不平衡以及由阴影引起的遮挡。这三个故障是逆变器无法直接判断的故障，因此需要通过机器学习模型的建立予以识别。以下是一个光伏系统常见故障的清单，其中包含在上文中讨论过的所有故障及其更多的详细信息，包括故障表现和故障发生的可能原因。

1. 逆变器直接读出的故障：

（1）光伏系统隔离故障：光伏系统对地绝缘电阻小于 $2\mathrm{M}\Omega$。

（2）漏电流故障：漏电流太大。

（3）逆变器硬件故障：分为可恢复故障和不可恢复故障，可能是逆变器电路板、检测回路、功率回路、通信回路等电路有故障。

2. 数据筛选直接判断的故障

（1）通信故障：电流长时间没有变化。

引起原因：电缆敷设和选择不当；通信电缆的接地问题；通信接线错误。

（2）开路：电流和功率均为零。

引起原因：制造缺陷或设备硬件故障；由气候，组件分层或碎裂引起的电化学腐蚀。

3. 机器学习模型判断识别故障

（1）交流侧过压：逆变器显示的电压，交流侧部分电压过高，将导致逆变器保护关闭系统。

引起原因：逆变器到电网连接点距离过长；电缆缠结或不合格；光伏装置的大容量安装以及电网负载的功率不足。

（2）三相不平衡：电流或电压的三相之差较大。

引起原因：电网连接距离长；并网故障，网格路线不正确。

（3）遮挡：输出电流很小，因此光伏系统无法获得足够的输出功率。

引起原因：临时阴影（雪、叶、鸟粪）；野外阴影（相邻建筑物、树木）；建筑阴影（建筑结构、附属设备）；自阴影（组件阴影、设备阴影）。

4.1.3　故障诊断与预警技术

1. 支持向量机

支持向量机原理的数学分类模型。该算法主要基于 VC 维理论和结构风险最小化原理，具有全局优化和泛化的优点。SVM 算法的基本建模过程如下：

（1）选择内核函数获取映射关系。

（2）初始化参数，并通过网格搜索算法获得最优的参数组合。

（3）建立模型，诊断结果并实现分类。

其中，SVM 分类模型的模型准确性主要受核函数和惩罚因子 C 的影响。在实际建模过程中，通常采用网格搜索算法作为二者选择的基础。

2. Logistic 回归

Logistic 回归是经典的机器学习分类算法，主要用于描述一组独立变量和二进制因变量之间的最佳映射关系。该算法以 Sigmoid 函数作为概率分布函数对数据集进行分类，具有原理简单、计算量小、易于实现的特点。Logistic 回归算法的基本建模过程如下：

（1）初步建立预测函数。

（2）根据预测函数构造损失函数。

（3）通过迭代最小化损失函数的值来求解最优回归参数 θ，将最优回归参数代入预测函数。

（4）建立模型并进行测试，实现分类。

3. 随机森林

随机森林算法是 Bagging 算法和随机子空间算法的结合，由决策树构造和基于投票的决策过程组成。该算法通过对训练集和特征子集进行多次随机提取，大大降低了模型过度拟合的可能性。随机森林算法的基本建模过程如下：

（1）随机提取训练集和特征子集以训练和构造不同的决策树分类器。

（2）交叉验证，调整参数。

（3）投票决策，实现分类。

其中，决策树模型通常是通过信息增益的计算方法来检测的，其值越小，表述特征分类的效果越好。

4. 相隔中心性模型

相隔中心性模型以 BA（Barabasi-Albert）模型为基础，研究了网络在择优增长和随机增长的情况下，节点或边过负荷时的鲁棒性。模型假设任意两节点之间信息或能量的交换都通过最短路径进行。节点 i 和边 a 的负荷用相隔中心性 $C_B(i)$ 和 $C_B(a)$ 来表示，即

$$C_B(i) = \sum_{(w,w') \in V} \frac{\sigma_{ww'}(i)}{\sigma_{ww'}} \tag{4-1}$$

$$C_B(a) = \sum_{(w,w') \in V} \frac{\sigma_{ww'}(a)}{\sigma_{ww'}} \tag{4-2}$$

式中　$\sigma_{ww'}$——节点对 $(w,w')(w \neq w' \neq i)$ 间最短路径的数目；

　　$\sigma_{ww'}(i)$——通过节点 i 的最短路径数目；

　　$\sigma_{ww'}(a)$——通过边 a 的最短路径数目；

　　　V——节点集合。

若 $C_B(a) > C_B^{max}$，则表示边 a 过负荷，此时它将从网络中被移除并重新计算 C_B，如此反复便会在一段时间内形成故障雪崩现象，其中 C_B^{max} 为阈值；如果节点过负荷，则删除节点连接的所有边，但节点并不被删除，因为以后仍有可能被重新连接。通过仿真得出：如果网络是随机增长的，则崩溃程度微弱，且网络结构没有明显的改变，这足以说明实际网络中随机增长比择优增长更有益；节点过负荷比边过负荷造成网络崩溃程度更严重，节点过负荷可以将网络分解为比较小的网络群，而边过负荷在网络崩溃后仍然有更大的网络群。

5. ML 模型及相关模型

ML（Motter-Lai）模型假设能量沿着网络的最短路径传播。不同于相隔中心性模型，该模型不考虑网络的生长，并且考虑了各节点的容量 c_i（正比于初始负荷）不同的情况，即

$$c_i = (1+\alpha)l_i \tag{4-3}$$

式中　l_i——节点 i 的初始负荷；

　　α——网络的耐受性参数，表示节点处理增加的负荷进而抵御干扰的能力。

如果节点发生过负荷，则故障节点将会从网络中永久删除。网络的不均匀性是引发故

障的主要原因；均匀网络遭受攻击时所引发的故障相对于不均匀网络具有较强的鲁棒性；基于高负荷节点的攻击比基于度的攻击和随机故障有更大的破坏力，即使当 $\alpha=1$ 时，单一高负荷节点遭受攻击时可将最大连通子图的规模减少近一半。在 ML 模型的基础上，为了达到网络高鲁棒性、低成本以及高利润的目标，学者们相继提出了 WK（Wang - Kim）模型和 NM 模型。这两个模型和 ML 模型的相同之处在于均假设能量沿着网络的最短路径传播，且均采用 $G=N'/N$（N 和 N' 分别为故障前后最大连通子图的节点数）衡量在发生故障后网络遭受破坏的程度。不同之处在于，WK 模型和 NM 模型均采用了非线性优化函数来刻画节点容量，而 ML 模型则采用了线性函数来予以描述。在 WK 模型中，节点 i 的容量 c_i 定义为

$$c_i=\lambda(l_i)l_i \tag{4-4}$$

其中

$$\lambda(l_i)=1+\alpha\Theta(l_i/l_{\max}-\beta)$$

式中　$\lambda(l_i)$——实现低成本、高鲁棒的优化函数；

$\qquad\beta$——控制参数；

$\qquad l_{\max}$——节点能够处理的最大负荷。

$\Theta(l_i/l_{\max}-\beta)$ 可表示为

$$\Theta(l_i/l_{\max}-\beta)=\begin{cases}0 & l_i/l_{\max}-\beta<0\\1 & l_i/l_{\max}-\beta>0\end{cases} \tag{4-5}$$

当 $\beta=0$ 时，该模型等价于 ML 模型。成本函数表示为

$$e=\frac{1}{n}\sum_{i=1}^{N}\left[\lambda(l_i)-1\right] \tag{4-6}$$

通过调整参数 α 和 β，可以实现网络的高鲁棒、低成本的目标。

在 NM 模型中，节点的容量 c_i 和利润函数 R 分别表示为

$$c_i=\left(1+\alpha\frac{B_i}{\gamma ND+1}\right)l_i \tag{4-7}$$

其中

$$R=G-e_1 \tag{4-8}$$

$$e_1=\left[\sum_{i=1}^{N}\alpha B_i/(\gamma ND+1)\right]/N$$

式中　B_i——节点 i 介数；

$\qquad\gamma$——潮流平均变化率；

$\qquad D$——平均最短路径长度；

$\qquad e_1$——费用函数。

在鲁棒性和利润方面，NM 模型具有更大优势。

复杂网络理论是研究复杂电网连锁故障内在机理的基本理论方法。一方面，复杂网络的小世界性和无标度性是最基本的网络统计特性，为分析电网结构对连锁故障传播动力学的影响提供了有力帮助；另一方面，建立基于复杂网络理论的连锁故障模型是分析复杂电网连锁故障传播机理的有效手段。

6.基于贝叶斯网络的故障诊断方法

贝叶斯网络又称信度网络，是贝叶斯方法的扩展，是目前不确定知识表达和推理领域

最有效的理论模型之一。一个贝叶斯网络是一个有向无环图（Directed Acyclic Graph，DAG），由代表变量节点及连接这些节点有向边构成。节点代表随机变量，节点间的有向边代表了节点间的互相关系（由父节点指向其子节点），用条件概率表达关系强度，没有父节点的用先验概率进行信息表达。

贝叶斯网络是一种不确定性的因果关系关联模型，具有强大的不确定性问题处理能力，同时它能有效地进行多源信息的表达与融合，是一种基于网络结构的有向图解描述。它的特性和故障诊断中要求解决因不确定性和不完备故障信息带来的故障诊断困难的要求内在一致。

根据分布式光伏系统机理以及多维度数据提取出特征变量以及故障类型，把得到的数据集作为初始数据集，然后按某一顺序依次计算变量与故障之间的概率信息，并由大到小排序，依据不产生环路的原则依次添加边，直到 $n-1$ 条边为止。选择一个结点作为根结点，计算最大似然树参数，并把最大似然树作为初始贝叶斯网络中结点的顺序。

在给定各变量结点初始排序的情况下，采用启发式搜索算法，构建贝叶斯网络结构，具体步骤如下：

（1）选取一个结点，假设结点的父结点集合是空集。

（2）向该项集合中加入一个能使结果概率最大的父结点。

（3）重复（2）步骤，一直加到父结点已经不再使概率结果增加为止。

（4）存储得到的网络结构。

（5）判断是否有未进行过操作的节点，如果有，返回执行（1）步骤；如果没有，执行下一步。

（6）对所有得到的网络结构根据概率进行排序，找到最优的贝叶斯网络结构。

该算法可以比较快速地创建出较为理想的贝叶斯网络结构。

完成贝叶斯网络的构建之后，通过贝叶斯网络和贝叶斯定理，可以进行故障原因的推理。

假设给定一个故障现象 $X=\{x_1,x_2,\cdots,x_n\}$，电流、电压、发电功率、发电量等属性分别为 $x_1=a_1,x_2=a_2,\cdots,x_n=a_n$，故障类型是某个故障类 c_i 的概率为 $P(C=c_i|x_1=a_1,x_2=a_2,\cdots,x_n=a_n)$，如果当故障样本 x_n 对于故障类 $P(C=c_n|x_n=a_n)$ 而言，概率 P 最大，那么理论上该故障类型就是由于该故障样本所引起的，采用贝叶斯定理为

$$P(c_k|X)=\frac{P(X|c_k)P(c_k)}{P(X)} \tag{4-9}$$

其中，$P(X)$ 对于所有故障类为常数，只需要 $P(c_k)=\prod_{i=1}^{n}P(x_i|c_k)$ 最大即可。

令贝叶斯公式中的 $\frac{1}{P(X)}=a$，则有

$$P(c_k|X)=a\times P(X|c_k)P(c_k) \tag{4-10}$$

由于先验概率和条件概率可根据贝叶斯网络模型算出来，只需要比较各元件 $P(X|c_k)P(c_k)$ 的值，计算所有故障属性所相应的概率 $P(X|c_k)P(c_k)$，将所有的计算结果相比较，概率值最大的故障情况就是要寻求的可能性最大的故障原因。

7. 基于概率神经网络的故障诊断与预警方法

概率神经网络 PNN 是一种径向基神经网络，也可以说是从径向基神经网络演化而

来。它不仅融合了密度函数估计,而且还融合了贝叶斯决策理论,其结构简单,容易设计算法,非线性学习的功能可以通过线性学习来实现,概率神经网络被广泛应用于模式分类问题中。

概率神经网络由输入层、隐含层、求和层以及输出层 4 层结构组成,输入层用于输入训练样本值,将数据传递给隐含层,神经元数目跟输入向量长度一致;隐含层也是径向基层,隐含层每个节点都有一个中心,用于接收输入层样本的输入,通过计算输入向量与中心的距离,返回一个标量值,神经元个数与训练样本个数一致,x 由输入到隐含层,其中第 i 类情况的第 j 神经元之间的关系式为

$$\Phi_{ij}(x) = \frac{1}{\sqrt{2\pi}\sigma^d} e^{-\frac{(x-x_{ij})(x-x_{ij})^{\mathrm{T}}}{\sigma^2}} \qquad (4-11)$$

式中　i——训练的样本数,$i=1,2,\cdots,M$,M 代表训练样本的总类数;

　　d——代表数据维度;

　　x_{ij}——第 i 类样本的第 j 个中心。

隐含层中属于同一类的神经元的输出到达求和层时,求和层对其进行加权平均,计算式为

$$v_i = \frac{\sum_{j=1}^{L} \Phi_{ij}}{L} \qquad (4-12)$$

式中　v_i——第 i 类类别的输出;

　　L——第 i 类神经元个数,求和层的神经元个数与类别数 M 相同。

最后取求和层中最大的一个类别,作为输出层,计算式为

$$y = \mathrm{argmax}(v_i) \qquad (4-13)$$

在实际操作中,首先对输入进行加权,然后将其输出到径向基函数进行计算:$Z=xw_i$,假如 x 和 w 均为标准化单位长度,接下来通过式(4-11)中高斯分布的指数项 $e^{-\frac{(w_i-x)(w_i-x)^{\mathrm{T}}}{2\sigma^2}}$ 进行运算,其中 σ 为平滑因子,对网络性能起到重要作用。

PNN 网络的求和层神经元仅连接到隐藏层的相应类别的神经元,并且不与其他神经元连接,这是 PNN 和径向基函数网络之间的最大差异。因此,PNN 网络采用可在训练数据集中指定的监督学习策略。

具有监督学习的概率神经网络用于中心位置和权重,其推广能力明显优于中心位置。监督学习和输出权重使用径向基神经网络进行监督学习。通过采用有监督选取中心,也就是用误差来修正学习的过程,可以采用梯度下降法。

首先定义代价函数

$$E = \frac{1}{2} \sum_{k=1}^{N} e_k^2 \qquad (4-14)$$

$$e_k = d_k - \sum_{i=1}^{I} w_i G(\parallel X_k - t_i \parallel_{C_i}) \qquad (4-15)$$

式中　E——输出节点的误差;

N——训练样本的数量；

e_k——第 k 个输入样本的输出与期望输出之间的误差；

I——隐含节点数。

为了获得最小的代价函数 E，学习过程中需要寻找自由参数 t_i，w_i。网络参数优化的梯度下降法，其定义如下：

(1) 输出权重 w_i 为

$$\frac{\partial E(n)}{\partial w_i(n)} = \sum_{k=1}^{N} e_k(n)G(\parallel X_k - t_i \parallel_{C_i}) \tag{4-16}$$

$$w(n+1) = w_i(n) - \eta_1 \frac{\partial E(n)}{\partial w_i(n)}, \ i=1,2,\cdots,I \tag{4-17}$$

(2) 隐含层中心 t_i 为

$$\frac{\partial E(n)}{\partial t_i(n)} = 2w_i(n) \sum_{j=1}^{N} e_k(n)G'(\parallel X_k - t_i \parallel_{C_i} S_i(X_k - t_i(n))) \tag{4-18}$$

$$t_i(n+1) = t_i(n) - \eta_2 \frac{\partial E(n)}{\partial t_i(n)}, \ i=1,2,\cdots,M \tag{4-19}$$

(3) 隐含层中心扩展 S_i 为

$$\frac{\partial E(n)}{\partial S_i(n)} = -w_i(n) \sum_{k=1}^{N} e_k(n)G'(\parallel X_k - t_i \parallel_{C_i})Q_{kj}(n) \tag{4-20}$$

$$Q_{ki}(n) = (X_k - t_i(n))(X_k - t_i(n))^{\mathrm{T}} \tag{4-21}$$

$$S_i(n+1) = S_i(n) - \eta_3 \frac{\partial E(n)}{\partial S_i(n)}, \ i=1,2,\cdots,M \tag{4-22}$$

式中 η_1、η_2、η_3——学习率，为了避免神经网络的学习落入局部最小值，η_1、η_2、η_3 应为不同的取值。

概率神经网络作为一种径向基函数神经网络，在其原始基础上结合了密度函数估计和贝叶斯决策理论，可以实现最优状态和任意非线性逼近。该网络不仅训练简单，而且收敛速度快，能够适应实时数据处理的要求，这满足了分布式光伏智能故障诊断对数据处理速度快、结果准的需求，而且概率神经网络的隐含层采用了非线性映射的原理，在考虑了不同分类模式下，样本的错判影响后，网络的容错性大大提高。概率神经网络的另一个优点是扩展性能非常好，这使得在训练过程中添加或减少相应类别时不必花费太多时间来重新训练和学习。在实际应用的情况下，概率神经网络的各层神经元数目相对固定，这也使它能够很好地应用到硬件中去，实现软硬件结合。

8. 基于集成投票融合的分布式光伏电站智能故障诊断模型

(1) 数据处理。

1) 第一步是导入原始数据。读取数据后，分析各时段光伏电站发电功率和总发电量的数据变化。由于日光照强度的影响，发电功率在 8：00—17：00 之间存在较大波动，在 12：00—14：00 达到峰值。根据上述数据波动的时间特性，选取每日 8：00—17：00 为数据分析时间范围，保证所分析数据都为有效数据，排除通信故障问题带来的干扰。在这些数据中，光伏系统对于各个指标（总发电量、发电功率、光伏电站的三相电流及三相电压）的采集和传输频率存在差异。为了保证训练数据中不会包含太多的缺失值，将 1h 作为各个指标的统一采集频率，将一小时内三相电压和三相电流的平均值作为新的指标数据，将总能量在一小时内的积累值作为新的指标数据。

2）第二步是数据预处理。数据预处理部分主要包括填补缺失值和去除异常点。检测以天为单位各个指标的缺失比例，删除缺失比例较大的一天的数据，对于缺失比例较少的天，采用各个指标的中位数对缺失项进行补充。检测数据项中的异常值，为了减少信息损失，使用各个指标的中位数替代异常数据。

3）第三步是特征提取。通过对各项指标进行重组，保留三相电流和电压以及发电功率等特征，新增三相电流和电压的两项之间绝对差作为新的指标。使用主成分分析法利用空间映射对特征进行降维，将现有特征映射到更小的维度。由于各个指标量纲不同，所以将特征进行归一化处理，以便于综合分析。数据处理流程如图 4-1 所示。

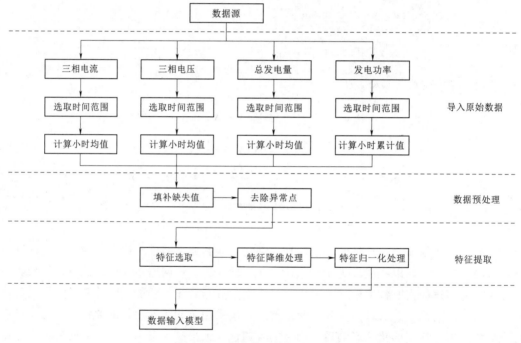

图 4-1 集成模型数据处理流程

（2）模型分类与集成。集成模型集成融合了 5 种经典分类模型。KNN 是一种解决回归和分类问题的非参数统计方法，在分类决策中对待分类样本的种类划分取决于邻近样本的分类，KNN 算法的核心思想是如果一个样本在特征空间中的 K 个距离最近的样本中的大多数属于某一个类别，则该样本也属于这个类别。样本间的距离通常使用欧式距离、曼哈顿距离和闵可夫斯基距离进行度量。对数据进行分类时，KNN 算法会计算测试数据与训练数据之间的距离，按照距离远近排序，选取距离最小的 K 个样本作为最近邻样本，确定 K 个最近邻样本所在类别的出现频率，返回频率最高的类别作为测试数据的预测分类。

支持向量机是基于统计学习理论的分类模型，根据有限的样本数据对模型的学习精度和学习能力寻求最佳折衷，以得到良好的泛化能力，对非线性小样本分类问题具有独特优势。超平面和最近的数据点之间的间隔被称为分离边缘，支持向量机的目标是找到唯一的最优超平面，最优超平面分离边缘最大，且能够正确划分训练数据。核函数是决定支持向量机模型性能好坏的关键，常用的核函数有线性核函数、多项式核函数和高斯径向基核函数。为了更好的分类效果，采用高斯径向基和多项式作为核函数完成数据分类。

逻辑回归是一个概率型线性回归模型。逻辑回归模型在对样本分类时，先构造预测函数，用来预测输入数据的分类结果。为了计算预测分类结果与实际分类结果的偏差，将逻辑回归引入损失函数，损失函数值越小表示分类效果越好。为了找到损失函数的最小值，逻辑回归通过梯度下降法等优化方法多次迭代求解出最优的模型参数，构建出具有全局最优解的分类模型。

决策树利用树形图构建一系列决策规则的集合，将特征空间递归分割，划分为有限个不相交的区域，对于同一区域的样本按照多数原则进行分类。

随机森林算法是在决策树的训练过程中引入随机选择机制，以决策树为基学习器构建的 Bagging 集成学习算法。随机森林算法利用 bootstrap 重采样技术，从原始训练样本集中有放回地重复随机抽取 k 个样本，生成新的训练数据样本集合，根据该样本集合生成 k 个分类树，预测分类结果按多数原则由分类树投票决定。

上述经典分类模型具备不同的计算方式，对同一数据的分类结果可能不同。可以采用基于交叉验证思想的集成模型将五种经典分类模型结合，集成投票不同模型的预测分类结果，从而使得模型具备更好的分类效果和鲁棒性。

将经过数据划分后的训练数据样本进行下采样，避免数据倾斜，提高模型的泛化能力。对于每一个分类模型，设置超参数范围，遍历超参数列表中的每一项进行训练，以找出每一个分类模型的最优超参数。

在每一次训练过程中，将训练数据样本经 5 折交叉验证分割为 5 个子样本，不重复的抽取一个子样本作为测试集，其余样本作为训练集输入 5 个经典分类模型进行训练。此过程重复 5 次，将输出的预测结果取平均得到一个单一估测，降低泛化误差。对评估结果进行分析，调整超参数，重复上述过程。对比每一次预测分类结果的正确率、准确率、召回率和 F1 - Score 等性能指标，得到最优超参数，将新数据输入最优超参数模型进行再训练，得到一组预测矩阵，预测矩阵包括五列数据，分别对应测试样本归属每一种类别的概率。

得到预测矩阵之后，对分类结果的预测采用集成模型投票机制，分别对 5 种经典分类模型赋予不同的权重值，将每个分类器的预测类概率乘以分类器权重，对结果取平均值，得到权重概率均值，从具有最高平均概率的类别标签中得出最终的预测类别，给出故障诊断和分类的结果。模型集成投票融合架构如图 4 - 2 所示。

9. 基于深度残差网络的光伏故障诊断模型

(1) 故障诊断流程。故障诊断可以分为提取原始数据、数据预处理、模型训练和模型测试与输出 4 个阶段，总体流程如图 4 - 3 所示。

1) 提取原始数据阶段：这个阶段的目的是根据故障类型提取出与故障相关的运行数据（三相电压和三相电流）。在提取数据阶段，分别将三相电压和三相电流值取出，然后

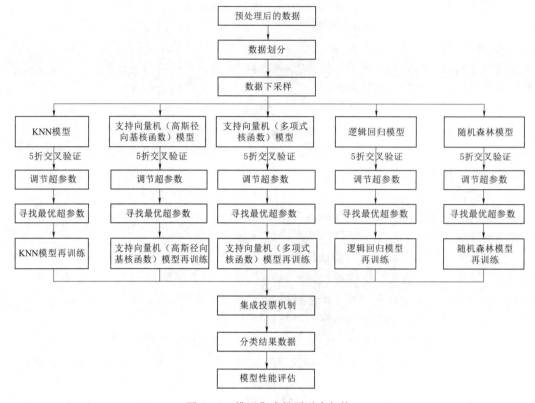

图 4 - 2　模型集成投票融合架构

分别对这些数据做预处理。

2）**数据预处理阶段**：由于原始数据有时会出现数据缺失异常的情况，对于原始三相电流和三相电压数据需要根据缺失位置的前后数据取均值补全所缺数据。通常光伏电站在有光照的时候才能够正常开机运行，所以需要选择时间范围在 8：00－18：00 的运行数据。由于电流数据变化较大，需要首先对电流值做滤波处理，减少瞬时异常数据的影响。然后计算每半个小时运行数据的均值作为该时间段的数据，减少因短时间的异常数据对故障诊断产生的影响。为了使模型更容易地提取故障特征，需要分别对电压和电流数据进行预提取操作。最后将预处理特征的数据与原始数据结合为一维数据，划分为训练集与测试集。

3）**模型训练阶段**：首先设置模型的超参数，然后对预设超参数的模型在训练集上进行训练。

4）**模型测试与输出阶段**：该阶段主要是导出训练模型，然后在测试集上衡量模型的诊断效果。

（2）残差网络模型。何恺明等人提出了 ResNet 模型，该模型采用了残差网络结构来解决卷积神经网络退化、梯度消失的现象。残差网络模型主要用于图像识别领域，卷积核为二维卷积核。使用残差结构的神经网络在解决梯度消失问题上有着很好的表现，因此可以采用一种基于残差网络结构的光伏故障诊断模型，ResFD - PV 模型结构如图 4 - 4 所示。

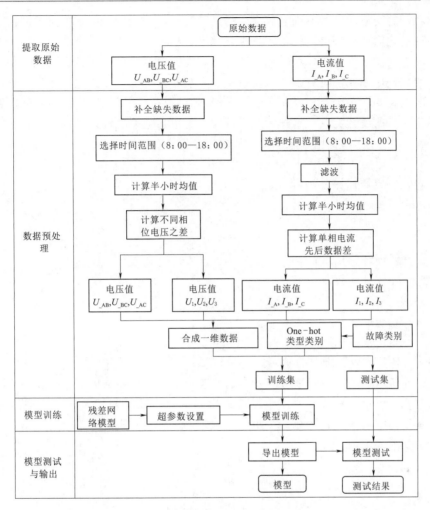

图 4-3 残差网络故障诊断流程图

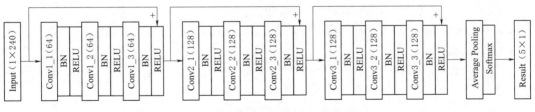

图 4-4 ResFD-PV 模型的网络结构

ResFD-PV 模型所用的卷积单元包含卷积层、规范化层（Batch Normalization，BN）和激活层（Rectified Linear Unit，ReLU）。

卷积操作的目的是将相邻数据的数据特征提取出来，多个卷积操作的叠加有利于扩大特征提取范围。

BN 层的作用是规范数据范围、加速收敛速度和归一化数据。卷积神经网络的训练过程中会出现内部协变量移位现象。随着训练的进行，底层网络中的参数发生微弱变化时，

51

这种变化会随着网络的深入不断被放大。另外随着反向传播的进行，上层的网络也需要不断适应这种变化而进行调整，使得网络学习速度降低，减缓收敛速度。针对这种现象，在每层卷积输出时增加规范化操作，减少数据微弱变化对深层网络层的影响。

由于卷积操作是线性运算，如果仅仅是卷积层相连，那么最终也只能学习到线性关系的参数，所以需要在每个卷积操作之后加上激活函数层。激活函数层的引入使得原始的线性关系转化为了非线性关系，这样训练出的模型可以逼近非线性函数。ReLU 函数，其值的输出在 $x<0$ 时为 0，常用于隐层神经元输出，即

$$\text{ReLU}(x) = \max(0, x) \tag{4-23}$$

基本卷积单元的计算公式为

$$\begin{cases} y = W \otimes x + b \\ s = \text{BN}(y) \\ h = \text{ReLU}(s) \end{cases} \tag{4-24}$$

式中　W——要训练的权重；

　　　x——输入的参数；

　　　b——偏移；

　　　$\otimes$——卷积操作符；

　　　BN——归一化操作；

　　　s——ReLU 激活函数的输入。

分布式光伏电站故障诊断模型的基本框架使用了 3 个残差结构。每层残差结构由 3 个基本卷积单元组成，每个基本残差单元的最后一个 ReLU 层与残差输入相加的结果作为下一个残差结构的输入，3 个残差结构中的卷积层通道数分别是 64、128、128。基本残差结构可以用公式表示为

$$\begin{cases} h_1 = \text{Block}_{k_1}(x) \\ h_2 = \text{Block}_{k_2}(h_1) \\ h_3 = \text{Block}_{k_3}(h_2) \\ y = h_3 + x \\ \hat{h} = \text{ReLU}(y) \end{cases} \tag{4-25}$$

式（4-25）中引用式（4-24）作为 Block() 操作，k_i 表示第 k 个残差结构的第 i 个基本卷积单元。

第三个残差结构的输出作为平均池化的输入。平均池化之后增加 Softmax 层输出分类结果。

Softmax 是一种归一化指数函数，在深度学习领域，Softmax 常用于分类问题。给定一系列类别，Softmax 可以给出某输入被划分到各个类别的概率分布。Softmax 公式为

$$\sigma(z)_j = \frac{e^{z_j}}{\sum_{k=1}^{K} e^{z_k}} \quad j = 1, \cdots, K \tag{4-26}$$

$$P(y = j \mid x) = \frac{e^{x^{\text{T}} w_j}}{\sum_{k=1}^{K} e^{x^{\text{T}} w_k}} \tag{4-27}$$

式中　　　　z——原始向量；

　　　$\sigma(z)_j$——经 Softmax 操作后的第 j 个值；

　$P(y=j|x)$——样本 x 属于第 j 类的概率。

传统的 ResNet 结构每两个卷积层做一次残差相加。而 ResFD - PV 模型使用三层基本卷积作为残差基本单元，简化了模型结构，减少了参数。

4.1.4　专家系统

作为人工智能领域最活跃和最广泛的领域之一，自从 1965 年第一个专家系统 Dendral 在美国斯坦福大学问世以来，经过 40 年的开发，各种专家系统已遍布各个专业领域。调查显示，专家系统主要应用在商业和工业领域，约占 60%。在英国的调查也显示，24% 的专家系统服务于财政部门。按照发展阶段的不同，可以简单地将传统的专家系统分为基于规则的专家系统、基于框架的专家系统、基于案例的专家系统、基于模型的专家系统、基于 Web 的专家系统 5 个阶段。现今专家系统已经被应用到了几乎每一个知识领域。背景中的光伏电站故障分类属于广义分类中的"预测"任务或者"诊断"任务。

在分布式光伏电站故障预测任务的背景下，针对基于人工推导规则的专家系统的缺点，总而言之，要解决的技术难点就是：传统的专家系统严重依赖于电气专家编写的基于电气知识的推理规则，无法有效处理分布式光伏电网故障分类这类复杂问题；传统专家系统没有再学习的能力，且泛化能力差，无法对新的电网数据进行推理模型的修正。基于这两点，可以通过基于大数据再学习策略的光伏故障诊断专家系统推理方法完成任务。

1. **基本组成结构**

实际上，专家系统是一种"基于知识"（knowledge - based）人工智能诊断系统，传统的专家系统主要由知识库与推理机两部分组成，如图 4 - 5 所示。

它实质是应用大量人类专家的知识和推理方法，求解复杂的实际问题的一种人工智能计算机程序。专家系统能够模拟、再现、保存和复制有时还能超过人类专家的脑力劳动，所以可视作为"知识库"和"推理机"的结合。知识库是专家的知识在计算机中的映射，其中一般包含大量的数据案例与专家在特定领域的知识集合。在光伏电站相关任务下，知识库就包含了大量的光伏电

图 4 - 5　简化的传统专家系统组成结构

站运行数据。推理机则包含了领域专家编写的逻辑推理规则，是利用知识进行推理的能力在计算机中的映射。在传统的电气故障预测任务当中，专家系统的推理机由大量的基于电气知识的推理规则组成。

为了克服现有专家系统对光伏电网故障分类任务的推理能力不足，提供了一种基于大数据再学习策略的光伏故障诊断专家系统推理方法，不仅克服了传统专家系统应对电网故障分类问题时的低处理效率与低精度问题，还能通过一定的学习策略，通过再学习新的电网运行数据分布规律来增强专家系统的再学习能力，以让专家系统具有更加优良的泛化性能、更强大的故障分类能力。

在光伏电站故障分类预测任务的背景下，专家系统的输入为光伏电网运行的各项电气参数。而推理机则由众多端对端的机器学习模型组成。这些模型，如神经网络、逻辑回归、随机森林、决策树等，具有非常强的数据挖掘能力，可发现人类较难理解的底层的数据分布特征，在复杂问题背景和具有大数据训练的前提下，表现往往优于人类总结的规律。而逻辑推理融合模块则把根据一定的规则把推理机中的所有模型的故障分类概率预测综合起来，产生最后的光伏电站运行故障预测结果。采用逻辑推理融合模块的原因在于，归根结底，基于大数据推动的不同的机器学习模型是基于不同的统计学习规则的。譬如，在环境噪声为高斯噪声的假设下，平方和误差函数最小化是最大化似然估计的一个自然结果，因为数据样本不够多、模型参数固定也就是学习能力一定的前提下，训练集往往无法严格反映出现实规律的全貌，即使添加了正则项，一定程度上的过拟合也是无法避免的结果。因此，决定使用该模块，实验证明该模块能够大大提高光伏电网故障预测结果的精度。

为了让传统的专家系统具有再学习能力，以适应光伏电站运行数据的新的数据分布特征，采取了再学习策略。对于新的电网运行数据，经过人工结果纠正后，都会加入到知识库当中，达到一定条件后就开启新的一轮训练。根据这样的学习策略，通过再学习新的电网运行数据分布规律，就可以赋予专家系统再学习的能力，让专家系统能够随着数据的积累不断地提高对电网故障分类预测的精度，获得更加优良的泛化性能与更强大的故障分类能力。

2. 具体实施方式

为了更好的阐述专家系统的具体实施方式，先对一些概念进行解释说明。

系统所使用的数据集来源于国家电网分布式光伏发电系统。该数据集包括了超过 22 万条数据，共 54 个特征值、7 种类别（6 种故障类型＋"正常"类别）。

Accuracy：即在分类问题中被广泛采用的衡量指标"准确率"，其计算形式为

$$\text{Accuracy}(y, \hat{y}) = \frac{1}{n_{\text{samples}}} \sum_{i=0}^{n_{\text{samples}}-1} 1(y_i = \widehat{y_i}) \qquad (4-28)$$

式中　$\widehat{y_i}$——对第 i 个样本的预测值；

　　　y_i——第 i 个样本的真实值。

Softmax：归一化指数函数，它能将一个含任意实数的 K 维向量 z "压缩"到另一个 K 维实向量 $\sigma(z)$ 中，每一个元素的范围都在（0，1）之间且所有元素和为 1。其计算形式为

$$\sigma(z)_j = \frac{e^{z_j}}{\sum_{k=1}^{K} e^{z_k}} \quad j = 1, \cdots, K \qquad (4-29)$$

基于大数据再学习策略的光伏故障诊断专家系统推理方法包括训练和预测两个阶段，分别有以下实施步骤：

（1）训练阶段，包括以下步骤：

1）步骤 1：新数据收集与数据预处理。在电网运行的过程中，数据收集模块会不断收集新的经过人工纠正的光伏电网运行数据。在新数据的数量达到阈值后，把新数据与知识库中的旧数据混合，然后使用混合后的数据来训练模型。

原始混合数据并不能直接用来训练本方法中需要采用的机器学习子模型。需要根据业务逻辑对原始数据进行缺失值处理和异常值处理等。另外，还需要根据基础模型的特点需要对部分连续特征进行归一化处理，如 K 最近邻（K - Nearest Neighbor，KNN）算法等就需要使用到距离量度有关的算法。此外，在该步骤中对参与训练的电网数据集采取了 1∶3 的验证集∶训练集的分层划分方法。

2）步骤 2：模型训练。在该方法中，推理机由包含了众多机器学习基础模型的模型库和逻辑推理融合模块组成。在该步骤中对模型库中的基础模型分别制定训练策略进行训练。

3）步骤 3：逻辑推理融合。经过步骤 2 的训练后得到了学习完毕的多个机器学习基础模型，选择多样性较丰富也就是差异性比较大的机器学习模型作为基础模型。在机器学习的理论中，逻辑推理融合的子模型算法差异越大，其善于预测的数据分布就越不同。在逻辑推理融合阶段当中，会分别赋予每一个机器学习基础模型不同的权重，该权重由模型在验证集的 Accuracy 决定，代表该子模型的结果对最后结果的贡献程度。假设对某一样本 S_j 来说，基础模型 M_i 的分类概率预测为 P_{ij}（$P_{ij} \in M_{1 \times 7}$），模型 M_i 在验证集上的 Accuracy 为 w_i，则对于该样本，可以计算逻辑推理融合后的预测分类概率。该步骤的目的是学习到每一个基础模型对最后电网数据分类概率预测结果的贡献权重 w_i。

4）步骤 4：训练数据进入知识库并再次收集新数据。在训练流程完毕后，将当前的新数据集合记录到知识库中，然后清空新数据集，把训练完毕的基础模型和推理融合阶段的权重记录到推理机中。在预测阶段时使用的就是推理机中训练完毕的已经序列化保存的模型以及其对应的推理融合权重。接着回到步骤 1，继续收集新的光伏电网数据。

（2）预测阶段，包括以下步骤：

1）步骤 1：数据预处理。在预测阶段的电网数据预处理当中，需要对待预测电网运行数据进行与训练阶段相同的处理，以获得能够直接输入到模型当中的数据。

2）步骤 2：推理机进行推理。读取训练阶段保存的序列化子模型，对经过预处理的待预测数据进行推断，对每一条电网运行数据，每一个基础模型都能给出其属于各个类别的概率。然后再读取训练阶段得到的推理融合权重，进行推理结果的融合，给出最后的故障分类概率预测结果。

3）步骤 3：预测结果纠正与训练阶段新数据采集。将步骤 2 得到的电网故障分类概率预测结果进行人工修正，然后将修正后的结果作为新的待训练数据加入到训练阶段步骤一的新数据集合当中。

3. 再学习流程

在电网运行的同时，不断有新的电网运行数据被预测、人工纠正，然后加入到待训练数据集中。当待训练数据集的数量达到了一定的阈值，将其加入到知识库中，混合共同组成新的训练集。然后分别调用推理机中的各个机器学习基础模型进行训练，更新权重。接着逻辑推理融合模块将根据各个模型的光伏电网故障分类概率预测结果来决定其对应的权重。

算法 4-1 流程则清楚地阐释了专家系统再学习的流程。

算法 4 - 1：基于大数据再学习策略的光伏故障诊断专家系统再学习流程

输入：某一时刻 t 的电网多维运行数据 X_t

　　　阈值 K

输出：故障种类 C_i，$C_i \in EC_i \in E$，E 为故障类型集合。

初始化：利用已学习数据集 S_a 训练得出的模型集合库 M

　　　　包含了 S_a 的知识库 D

　　　　清空待学习数据集 S_p

1.　　**While True do**
2.　　　　X_t 进入知识库中的待学习数据集 S_p
3.　　　　**If length（S_p）＞K do**
4.　　　　　　将 S_p 与知识库 D 混合组成新的训练集 X
5.　　　　　　初始化空训练集 A
6.　　　　　　**For M_i in M do**
7.　　　　　　　　使用训练集 X 训练模型 M_i
8.　　　　　　　　训练完毕后将 M_i 的故障分类概率预测输出放入 A
9.　　　　　　**End for**
10.　　　　　　逻辑融合模块使用训练集 A 训练出各模型对应的融合权重
11.　　　　　　将 S_p 放入 D，标记为已学习数据
12.　　　　　　清空 S_p
13.　　　　**End if**
14.　　　　t＝t＋1
15.　　**End while**

4.1.5　模型评估

在多分类任务中，准确率不是唯一的评价指标。在 5 种分类类别中，所考虑的具体某一个类别为正类，其他类别为负类。真阳性 TP 被定义为实际为正类的样本被预测为正类的数量；假阳性 FP 被定义为实际为负类的样本被预测为正类的数量；真阴性 TN 被定义为实际为负类的样本被预测为负类的数量；假阴性 FN 被定义为实际为正类的样本被预测为负类的数量；精确率 $Precision$ 是指在预测为正类的样本中实际为正类的样本所占的比例；召回率 $Recall$ 是指在所有的正类样本中被预测为正类的比例。其中，$Precision$、$Recall$ 的计算为

$$Precision = \frac{TP}{TP+FP} \tag{4-30}$$

$$Recall = \frac{TP}{TP+FN} \tag{4-31}$$

$$F_1 = 2 \times \frac{Precision \times Recall}{Precision + Recall} \tag{4-32}$$

准确率 $Accuracy$ 的计算公式为

$$Accuracy = \frac{TP + TN}{TP + FN + FP + TN} \tag{4-33}$$

在不同的分类问题中,对精确率和召回率的要求也不同,为了更好地评价分类器的性能,对精确率和召回率做调和平均,增加 F_1 作为评价指标来衡量分类器的综合性能,见式(4-32)。

4.2 云端智能检测方法

4.2.1 云端故障检测

1. 监测数据规范化算法

受设备投入使用时间、所处位置等因素的影响,即使在相同的天气条件下,两组正常运行的设备都可能产生不同的数据,如图 4-6 所示;由于天气变化、季节更替的影响,即使相同的设备,在不同日期正常运行时产生的数据也可能不同,如图 4-7 所示。

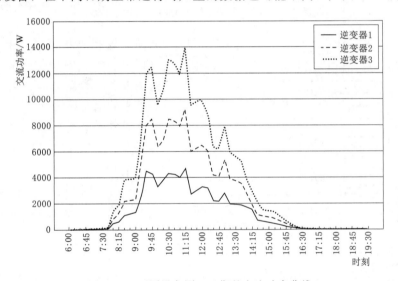

图 4-6 不同设备同一日期的交流功率曲线

这种现象会给故障诊断带来很大的困难。设备安装位置较差、投入使用时间较长或者当天的天气条件较差都会造成较低发电量,但这些情况不应当被诊断为设备故障。相反,一台设备某天的发电量监测数据在正常范围内,但其可能仍发生了故障,只是其安装位置、天气条件较为优越,即使存在故障,仍可以达到发电量的平均水平。因此,仅仅根据单独一台设备在某个日期产生的监测数据对其进行诊断很容易造成误判。

针对这个问题,可以采用能够消除不同设备、不同天气等差异带来的影响的数据规范化算法,其流程如图 4-8 所示。该算法利用设备之间的横向对比矫正设备差异和日期之间的纵向对比矫正天气因素差异,以消除设备、天气等因素的影响。算法将同一设备不同日期的监测数据平均值作为日期矫正因子、不同设备同一日期的监测数据平均值作为设备校正因子。通过计算实际监测数据与这两个校正因子的比值关系,将监测数据转化为相对

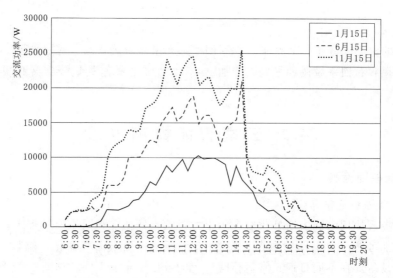

图 4-7 同一设备不同日期的交流功率曲线

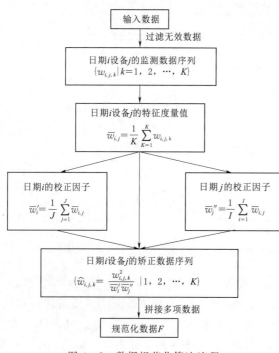

图 4-8 数据规范化算法流程

数值。该相对数值是设备之间对比、日期之间对比的量化结果，从而修正监测数据种设备差异、天气差异等因素带来的固有偏差。

以发电量这一项数据为例来说明，用 $w_{i,j,k}$ 表示第 i 天第 j 组设备在当天第 k 个时刻监测到的发电量数据。计算当天各个时刻发电量的平均值 $\overline{w}_{i,j}$ 来衡量第 i 天第 j 组设备的发电量水平，即

$$\overline{w}_{i,j} = \frac{1}{K} \sum_{k=1}^{K} w_{i,j,k} \qquad (4-34)$$

式中 K ——每天记录数据的时刻。

K 同时受设备因素和天气条件因素干扰的，需要综合设备历史运行情况和其他设备当天运行情况对其矫正。用第 i 天中所有设备发电量的平均值 $\overline{w}'_i$ 作为日期因素的矫正因子，用第 j 组设备在所有日期下发电量的平均值 $\overline{w}''_j$ 作为设备因素的矫正因子，即

$$\overline{w}'_i = \frac{1}{J} \sum_{j=1}^{J} \overline{w}_{i,j} \qquad (4-35)$$

$$\overline{w}''_j = \frac{1}{I} \sum_{i=1}^{I} \overline{w}_{i,j} \qquad (4-36)$$

式中　I——有数据记录的日期数；

　　　　J——设备数。

通过这两个矫正因子，可以计算不受日期差异和设备差异影响的时序数据 $\hat{w}_{i,j,k}$，即

$$\hat{w}_{i,j,k} = \frac{w_{i,j,k}^2}{\overline{w'}_i \overline{w''}_j} \qquad (4-37)$$

对其他数据项也做相同的处理，随后拼接起来形成二维张量 $F \in R^{K \times N}$，其中，N 表示所有数据项维度之和。

监测数据规范化法并没有从局部的数值特征入手，而是将设备固有的发电水平、不同日期的发电条件等因素考虑进来，通过横、纵向对比的方法，将各项监控数据转化为相对数值关系，从而使得监测数据中的异常更容易被分析挖掘。在转化为相对数值的过程中，可能存在少量信息的损失，对整个诊断系统的灵敏性造成影响。但实际监测数据包含的项目众多且采样频繁，一定程度的信息损失并不会对诊断系统造成太大的干扰。

2. 故障诊断网络

总体上，模型采用多尺度特征提取模块辅助 LSTM 提取序列特征的设计，融合多尺度时序特征的故障检测算法流如图 4-9 所示。多尺度卷积能够通过不同尺度邻域内的加权求和运算平滑输入、过滤噪点，从而降低后续网络的学习难度。而带有注意力机制的 LSTM 可以处理长序列、高维度的输入数据，能够提取出时序数据中的特征。在网络的训练过程中，除了常规的分类监督，还使用了度量学习的损失函数，从而进一步增强模型的辨别能力，提升其对难样本的诊断效果。

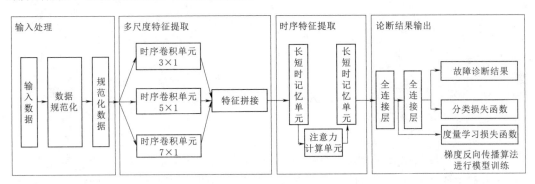

图 4-9　融合多尺度时序特征的故障检测算法流

卷积神经网络最初是应用在图像领域中的模型，但其局部特征提取的思想同样可以应用到时序数据分析中。一个卷积核大小为 3 的时序卷积结构如图 4-10 所示，对于时序数据输入，卷积核以滑动窗口的形式沿时间维度移动，在每一个窗口内进行卷积运算并产生一项输出。大尺度卷积核每次运算会使用较大邻域内的数据，其中每项数值产生的影响更小，从而减弱输入数据的波动、减轻其中噪点对输出特征的影响。但大尺度卷积核减弱了数值变化的差异，容易导致平滑过度的问题，使得输出特征失去判别能力。与之相对地，小尺度卷积核能够较好地保留输入数据中的信息，但是也更容易受到其中噪点的干扰。考虑到不同尺度卷积的特点，并行使用不同尺度的卷积单元处理输入数据，将各单元的输出拼接起来形成多尺度邻域特征。通过这种方式，输出的特征既包含了平滑后的特征，也保

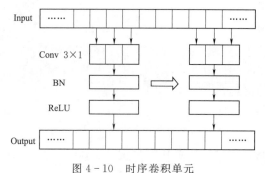

图 4 - 10　时序卷积单元

存了原始输入的特征。在模型的训练过程中，后续的网络结构可以学习分析这两种特征，从而在一定程度上实现了平滑输入数据并且避免信息丢失。

使用卷积核分别为 3、5、7 的 3 种时序卷积组成多尺度时序特征提取单元。时序卷积由卷积层、批归一化层（Batch Normalization，BN）、修正线性单元（Rectified Linear Unit，ReLU）组成，其运算可以表示为

$$\begin{cases} e = W \otimes x + b \\ s = \mathrm{BN}(e) \\ h = \mathrm{ReLU}(s) \end{cases} \qquad (4-38)$$

式中　x,h——时序卷积单元的输入和输出；

　　　W,b——卷积核内可训练的权重和偏移；

　　　$\otimes$——卷积操作；

　　$\mathrm{BN}(\cdot)$——批归一化层，能够使网络训练更加稳定、迅速；

$\mathrm{ReLU}(\cdot)$——激活函数，使得模型能够拟合非线性映射，同时避免梯度消失的问题。

多尺度时序特征提取单元 M 可表示为

$$h_1 = C_{1\times3}(x) \qquad (4-39)$$

$$h_2 = C_{1\times5}(x) \qquad (4-40)$$

$$h_3 = C_{1\times7}(x) \qquad (4-41)$$

$$y = \mathrm{cat}(h_1,h_2,h_3) \qquad (4-42)$$

式中　$C_{1\times k}$——卷积核为 $1\times k$ 的卷积单元；

　　$\mathrm{cat}(\cdot)$——特征拼接操作；

　　　x,y——输入和输出。

光伏电站监测数据有序列长、维度高的特点，所以时间特征提取模块需要具备较强的表征能力和特征提取能力。为此，采用两层 LSTM 组成的"编码器—解码器"（encoder - decoder）结构来实现，可表示如下

$$c = \mathrm{encoder}(x_1,x_2,\cdots,x_K) \qquad (4-43)$$

$$y_1,y_2,\cdots,y_K = \mathrm{decoder}(c) \qquad (4-44)$$

式中　$x_1,x_2,\cdots,x_K$——时间特征提取模块的输入；

　　$y_1,y_2,\cdots,y_K$——时间特征提取模块的输出；

　　　　　　K——序列长度；

　　　　　　c——编码器最后一次迭代的输出向量。

从式（4-44）中可以看出，编码器到解码器之间的信息传递都通过向量 c 实现，其中不可避免地存在信息损失。

为了解决这个问题，在二者之间可以增加注意力机制，从而由网络自主学习哪部分信

息可以丢弃，哪部分信息需要关注。添加注意力机制的网络结构可以描述为

$$h_1,h_2,\cdots,h_K=\text{encoder}(x_1,x_2,\cdots,x_K) \tag{4-45}$$

$$y_1,y_2,\cdots,y_K=\text{decoder}(c_1,c_2,\cdots,c_K) \tag{4-46}$$

式中　h_i——编码器第 i 次迭代的输出；

　　　c_i——第 i 次迭代的上下文信息，其计算方式为

$$c_i=\sum_{j=1}^{K}\alpha_{ij}h_j \tag{4-47}$$

$$\alpha_{ij}=\text{attention}(c_{i-1},h_j) \tag{4-48}$$

式中　attention()——注意力机制网络，由一层全连接网络实现；

　　　α_{ij}——第 i 次迭代时 h_j 的权重；计算 c_1 时使用零向量作为 c_0。

最后的特征分类由两层全连接网络实现，接收 LSTM 最后一次迭代的输出向量，经线性运算后得到一个（$P+1$）维的向量 y，其中 P 表示故障类别数。在进行诊断时，向量 y 通过 softmax 函数后得到预测 q，其每一维可作为对应类别的概率，其中概率最大的类别作为最终的诊断结果。在进行训练时，使用度量学习和分类监督两种损失函数，分别作用在第一、二层全连接网络的输出上。

分类监督使用的是加权交叉熵损失函数。因为实际应用中的监测数据往往存在类别不均衡的问题，即大部分样本都是正常运行时的监测数据，只有少部分是故障样本。如果使用一般的交叉熵损失函数进行训练，模型会忽略故障样本，倾向于将所有样本都诊断为正常样本，这样模型也可以取得较高的诊断准确率，但存在故障诊断召回率低的问题。所以需要对不同类别的损失进行加权，给数量较少的故障样本设置较高的权重。权重的计算方式为

$$w_l=n_l/\sum_{i=1}^{P+1}n_i \tag{4-49}$$

式中　w_l——类别 l 的权重；

　　　n_l——类别 l 的样本总数。

则用于训练的加权交叉熵损失可表示为

$$L_{ce}=-\sum_{i=1}^{M}\ln\frac{e^{y_{p_i}^{(i)}}}{\sum_{j=1}^{P+1}e^{y_j^{(i)}}} \tag{4-50}$$

式中　M——训练样本总数；

　　　p_i——样本的标签，即样本 i 属于第 p_i 类故障状态；

　　　$y_{p_i}^{(i)}$——第 i 个样本输入时模型最后一层全连接层的输出；

　　　$y_j^{(i)}$——取向量 $y^{(i)}$ 的第 j 项数值。

模型的度量学习监督是将 ArcFace 损失函数迁移到故障检测任务上实现的。首先为各个故障类别维护中心特征矩阵 $W\in R^{(P+1)\times D}$，其中 D 表示中心特征的维数。然后将常规的交叉熵损失函数拆解成样本特征 f 与中心特征的向量积的形式

$$L=-\sum_{i=1}^{M}\ln\frac{e^{\hat{y}_{p_i}^{(i)}}}{\sum_{j=1}^{P+1}e^{\hat{y}_{p_i}^{(i)}}}$$

$$= -\sum_{i=1}^{M} \ln \frac{e^{w_{p_i}^T f^{(i)}}}{\sum_{j=1}^{P+1} e^{w_j^T f^{(i)}}} \qquad (4-51)$$

式中 p_i——样本的标签；

W_j——第 j 类的中心特征；

$f^{(i)}$——第 i 个样本的特征，在本模型中即为第一层全连接层的输出向量。

向量余弦距离可以定义为

$$\cos(a,b) = \frac{a \cdot b}{|a| \cdot |b|} \qquad (4-52)$$

当固定中心特征 W 的模长为 1，样本特征 f 的模长为 s 时，交叉熵损失可以进一步转换为

$$L = -\sum_{i=1}^{M} \ln \frac{e^{s\cos\theta_{p_i}}}{\sum_{j=1}^{P+1} e^{s\cos\theta_j}} \qquad (4-53)$$

在这个形式下，交叉熵损失函数可以视作中心特征和样本特征夹角的损失函数。为了着重优化这个角度，增加对其的惩罚项，最终度量学习的损失函数形式为

$$L_{ml} = \frac{-1}{N} \sum_{i=1}^{N} \ln \frac{e^{s(\cos(\theta_{p_i}+m))}}{e^{s(\cos(\theta_{p_i}+m))} + \sum_{j=1,j \neq p_i}^{N} e^{s\cos\theta_j}} \qquad (4-54)$$

最终用于训练模型的损失函数 L_{final} 为

$$L_{\text{final}} = L_{ce} + \lambda \times L_{ml} \qquad (4-55)$$

式中 λ——度量损失函数的权重。

实验所采用的数据包括发电量、温度、交流端数据和直流端数据，对光伏板遮挡故障、逆变器运行故障、逆变器短路故障和电压数值异常故障 4 种故障类别进行诊断。光伏板遮挡故障是由于杂物遮挡光伏板，导致光照面积减小，表现为逆变器电流明显减小；逆变器运行故障往往表现为输出端三相不平衡、电流异常或者电压较大；逆变器短路故障一般会导致输出端交流电流显著增大；电压数值异常故障表现为输出端三相阻抗数值异常，导致三相电压偏高。

实验采用故障诊断准确率 *accuracy* 为主要的评估指标，即诊断正确的样本占全部测试样本的比率。为了更全面地说明模型的诊断效果，还使用精确率 *precision*、召回率 *recall* 以及 F_1 得分 3 个更细致的评估指标。

4.2.2　鲁棒性研究

随着近几年关于复杂网络理论及其应用研究的不断深入，各个领域都有很多根据各自特点建立的复杂网络静态模型，如在交通领域引入交通流量，在社会学领域则有相互作用强度等，可见复杂网络在复杂系统研究中表现出显著的优势。

电力网络是一个有着大量节点、节点之间有着复杂连接关系的网络，它具有复杂网络的一般特征，即网络的大规模性和行为的统计性、节点动力学行为的复杂性、网络连接的稀疏性、连接结构的复杂性及网络时空演化的复杂性。电网作为一个典型的大型复杂网络，随着其互联规模的不断增加，表现出越来越多的复杂现象，如频频发生的大电网连锁

停电事故等等。这些事故往往是由某一元件发生故障后逐渐扩大，最后系统迅速崩溃。这些系统元件往往出现在系统重载线路、潮流集中区域，或者负荷密集区域。分布式光伏电站有助于分担负载。分布式光伏电站通常是指装机容量较小的发电系统，使用分散的资源位于用户附近，具有污染小，成本低的特点。这意味着可以通过在重要节点附近建立分布式光伏电站，从而达到分担负载，减少级联失效的风险。为了选取建立分布式光伏电站的位置，需要准确找到电网中的重要节点。因此如何对节点的重要性进行评估以及排序、如何对级联失效进行模拟仿真，对提高系统稳定性和安全性、减小大停电事故发生概率有着重要的意义。

1. 评估方法

为了使仿真结果清晰明了，简化模型的结构，只保留了电网最具代表性和重要的拓扑和物理特性。IEEE 30 电网结构如图 4-11 所示。

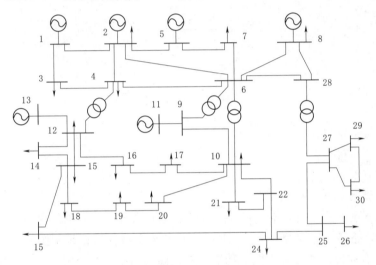

图 4-11　IEEE 30 电网结构图
1～30—节点号

将电网模拟为连接电站的高压输电线路的复杂网络模型，不包括低压输电线路和一些电站的细节。以图 4-11 所示的 IEEE 30 节点系统为例，它包括 30 个节点和 41 条边。节点可以是发电机、负载或枢轴点。节点是发电机说明其发电功率 $P_g > 0$ 并在电网中提供电力。节点是负载说明其负载功率 $P_l > 0$，并在电网中消耗电力。节点可以既是发电机又是负载。节点是枢轴点意味着它既不是发电机也不是负载，它只是为了更好地将能量从发电机传递到负载。边是连接两个节点的线，表示两个节点之间电能传输的概率。在电网原始数据中，包括节点信息和边信息两部分。节点信息包括节点号、是否是发电机、是否是负载、P_g 和 P_l。边信息包括由边连接的两个节点的节点号。

在下一步中，需要得到每个发电机和每个负载之间的电力传输关系。在许多电力科学对电网的研究中，人们通常采用潮流跟踪来推断输电关系。该方法利用节点和边的物理特性，利用物理方程组计算传输电力的精确解。注意，首先所使用的模型为简化的网络模型，只保留有功功率而忽略无功功率；其次，精确的电力传输解和物理关系不是研究的重点。因此，可以使用一种用线性规划来计算网络传输关系的方法。

在电网中，考虑到经济效益，P_g 之和略大于 P_l 之和（电能传输过程中存在损耗）。一般来说，电网有不止一台发电机。在理想状态下，如果在传输过程中没有任何损耗，任何发电机都可以为任何负载提供能量，只要它们之间至少有一条由一条边或多条边组成的路径。但在现实中，传输过程中的损耗是不可避免的，主要取决于传输路径传输距离和物理特性等等。为了减少损耗，发电机通常优先向较近的负载提供能量。

在所建立的模型中，首先忽略损耗对有功功率值的影响，因为损耗值与传输值相比很小，但不能忽略损耗对传输关系的影响；其次假设每边的损失率是相似的。因此，可以不考虑复杂的物理方程，不必研究边的长度或物理参数。在这种假设下，发电机会优先向更接近的负载提供能量，然后用线性规划方法推导出传输关系。

描述线性规划问题的目标与约束的方程为

$$\max S = \sum_{i \in G} \sum_{j \in L} \frac{X_{ij}}{D_{ij}}$$

$$\text{s. t.} \begin{cases} (\sum_{j \in L} X_{ij}) \leqslant P_i^g, i \in G \\ (\sum_{i \in G} X_{ij}) \leqslant P_j^l, j \in L \end{cases} \qquad (4-56)$$

式中　G——发电机组；

　　　L——负荷机组；

　　　P_i^g——节点 i 的发电功率；

　　　D_{ij}——节点 i 和 j 之间的距离；

　　　P_j^l——节点 j 的负荷功率，目标是希望更多的能量从发电机传递到负荷，并通过最短路径。这些约束条件保证了发电机和负载保持正常工作状态。

（1）图与有向图。在推导出电力传输关系之前，网络是一个图，边表示两个节点之间的电力传输概率，它是双向的，但经过推理，已经知道了网络的精确传输关系。因此，对于传输功率的边缘，它具有精确的传输方向。对于不发射能量的边，它变成两个方向相反的边，网络变成了有向图。

（2）节点属性。在研究中，网络中节点具有显著的两个特征：度 k 和流 S。发电功率 P_g、负荷功率 P_l、输出值和输入值对其他重要参数的实验和定义也有一定的参考价值。

（3）度 k。度 k_i 是连接到节点 i 的链路的数量，总共 n 个节点，由连接到站点的传输线的数量给出。另外，网络的平均度是一个全局测度。节点度越大，通常意味着它对网络连通性的贡献越大，在网络中的重要性也就越大。

$$\langle k \rangle = \frac{1}{N} \sum_{i=1}^{N} k_i \qquad (4-57)$$

（4）流量 S。流量 S_j 是节点 j 的一个特征，用于测量由上式给出的最大功率输出容量。P_{gi} 是节点 j 的发电功率，N 是节点 j 的所有邻接节点的集合，也就是说，S_j 是节点 j 的发电功率和节点 j 中的所有潮流的总和。度 k 和流量 S 示意图如图 4-12 所示。

$$S_j = P_j^g + \sum_{i \in N} P_{ij} \qquad (4-58)$$

对于图 4 - 12 中的网络结构，$k_2 = 4$，其余节点 $k = 1$。$S_1 = P_{1g}$，$S_2 = P_{2g} + P_{12} + P_{52}$，因为节点 3 和节点 4 并不向节点 2 传输能量。

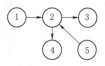

图 4 - 12 度 k 和流量 S 示意图

（5）发电量 P_g 及提供值。发电功率 P_g 是节点在正常工作状态下的最大发电能力。对于节点 i，通常被写成 P_{gi}。提供值是在推导传输关系后得到的一个特征，它是指一个发电机节点准确地向其他负载节点或自身提供的功率值，称为提供值。对于所有节点，其提供的功率小于等于其发电功率，且大于等于零。

（6）负荷功率 P_l 及获取值。负载功率 P_l 是节点在正常工作状态下的最大负载能力。对于节点 i，通常被写成 P_{li}。获取值是在推导出传输关系后得到的一个特征，它是指负载节点准确地从其他发电机节点或自身获取功率值，简称获取值。对于所有节点，其获取值小于等于其负载功率且大于等于零。

除此之外，可以得出，发电功率和负荷功率之和通常是不相等的，但在一个网络中，供给功率和接受功率之和总是相等的。

2. 网络鲁棒性评价

在系统中，鲁棒性指的是容忍可能影响系统功能体的扰动的能力。它被定义为"系统在不调整其初始稳定配置的情况下抵抗变化的能力"。首先，由于电能难以储存，电网的正常运行状态与其最终价值非常接近，从而获得较好的经济效益；其次，电网是一个复杂的网络，任何一个节点的微小变化都可能对整个网络产生巨大的影响。因此，鲁棒性对于电网来说是至关重要的，这也是研究的重点。

在现实中，一般来说，一个电网必然会遇到许多隐患、问题和攻击。如果把它们按照最终影响进行划分，电网中主要有两种扰动。第一种是一个电站失去功能，即它再也不能发电、负载、传输电力。失效可能是因为关键设备故障或其他原因。第二种是一个负载电站的负载值有很大的增加，如果它不能承受负载，则会过载或失效，并将多余的负载分配给其他节点，最终使更多的节点遇到同样的危险。这个问题称为级联故障。因此，在这一部分中，介绍两种评估网络鲁棒性的方法：节点失效和级联失效。

（1）节点失效。节点失效是评估网络在遇到第一类扰动时的鲁棒性的一种方法，即当网络的一个电站失去其功能时，网络会受到多大的影响。受到扰动影响较小表明网络具有较强的鲁棒性。因此，攻击网络中的一个节点，并记录攻击后网络中一些重要参数的变化，变化是受到扰动的影响。

在这种方法中，攻击使一个节点失去其功能。攻击模式分为两种，第一种模式是移除节点和所有与之连接的边；第二种方式是停止其发电和负载功能，仍然可以作为支点将能量从一个相邻节点传输到另一个节点。采用参数 only_remove_function 来标记节点是否依然可传输能量。

度量是一个或多个参数，用于在一个时刻测量网络的容量和状态。在这种方法中，使用 C_C 和 C_g 两个度量来测量网络的连接性，即

$$C_C = \frac{\sum_{i \in N'} taken_i}{\sum_{i \in N} taken_i} \tag{4-59}$$

式中 C_C——网络的实际总功率与攻击前原始网络的最大总功率之比，C_C 越大，网络的
连通性越好；

N——原始网络中的节点集；

N'——攻击后网络中的节点集。

$$\begin{cases} X_N = \sum_{i \in G} \sum_{j \in L} X_{ij} \\ C_L = \sum_{i \in G} \sum_{j \in L} \dfrac{X_{ij}}{X_N} \times D_{ij} \end{cases}$$

$$C_g = \frac{C_C}{C_L} \qquad (4-60)$$

式中 C_L——从发电机向负载传输的电力的平均距离，较小的 C_L 表示网络的连通性
更好；

C_g——C_C 和 C_L 的综合度量。

综上所述，两种攻击模式中的一种来攻击网络的一个节点，得到了攻击前后网络的
C_C 和 C_g 两个度量。然后可以得到攻击过程中两个指标的下降，下降越大表明攻击的破
坏性越大，网络的鲁棒性越弱。

（2）级联失效。级联失效是一种评估网络在遇到第二类扰动时的鲁棒性的方法，也就
是说，当一个负载电站的负载值急剧增大，网络面临级联故障的危险时网络的性能。级联
失效的核心思想与节点崩溃相同，攻击网络中的一个节点（负载节点），并观察攻击过程
中网络的一些重要指标的变化，最后，用这些结果来衡量网络的稳健性。

分析模拟网络发生级联故障的过程时，P_{li} 是节点 i 在正常工作状态下的负载功率，
而负载 1 是其当前的负载功率值，对于攻击前的所有节点，都有 $P_l=1$。

首先得到要攻击的网络和节点列表，当节点 i 失效或过载后，按照剩余系数对 i 的负
载进行重分配，以相应的分配比例分配给节点 i 的邻居节点 j_1、j_2 和 j_3，j_1 节点由于过
载会进行再次分配，如此循环下去，直到网络中不再出现节点超载的现象。

步骤 1：假设节点的负载容量与负载功率 P_l 正相关。荷载 c_i 的承载力为

$$c_i = (1+\alpha)P_i^l \qquad (4-61)$$

式中 α——网络中节点的忍耐系数，$\alpha>0$。

步骤 2：在列表中找到一个没有被攻击的节点并攻击它。如果列表中的所有节点都受
到攻击，则级联故障评估过程结束。如果能找到一个，攻击模式是突然增加它的负载功
率。$\overline{P_l}$ 是网络中所有负载节点的平均负载功率。"过载比（overload_ratio）"是一个大
于零的可调参数，即

$$\begin{cases} P_{add}^l = \overline{P}_l \times overload\_ratio \\ l_i = P_i^l + P_{add}^l \end{cases} \qquad (4-62)$$

步骤 3：推断负载 L 增加的节点的当前状态。如果其负载 l_i 大于负载容量 c_i，则处
于过载状态。过载系数 δ 表示网络中节点处理 c 以外额外负载的能力。换言之，δc_i 是节
点 i 的最大可能负载值。如果 $l_i>\delta c_i$，节点 i 一定处于故障状态，如果 $c_i<l_i<\delta c_i$，节点
i 处于过载状态并且具有一定概率处于故障状态，该概率称为节点过载时失效概率（fail-

ure_prob），并且对于网络的所有节点，该概率都是常数。

步骤 4：当一个节点处于过载状态时，其额外的负载功率将被分配到其邻接节点。ε 表示节点在过载状态下的鲁棒性的剩余系数，$0 \leqslant \varepsilon \leqslant 1$；当节点处于故障状态时，$\varepsilon = 0$。$N_{normal}$ 是指节点 j 的所有处于正常工作状态的邻接节点的集合。这种分配策略称为剩余负荷分配，即

$$\begin{cases} \Delta l_{jk} = (l_j - \varepsilon c_j) \tau_{jk} \\ \tau_{jk} = \dfrac{c_k - l_k}{\displaystyle\sum_{h \in N_{normal}} c_h - l_h} \end{cases} \quad (4-63)$$

步骤 5：观察是否仍然有节点的负载 L 增加，但还没有判断出它的状态。如果有的话，跳到步骤 3。如果没有，执行下一步骤。

步骤 6：此步骤中，攻击已使网络恢复到平衡状态。记录网络当前状态的一些特征，包括过载节点数、故障节点数和 S_r，这些特征显示了网络的完整性，即

$$S_r = \frac{\displaystyle\sum_{i \in N} s_i}{size(N)}$$

$$\begin{cases} s_i = 0, \text{如果节点 } i \text{ 失效} \\ s_i = \dfrac{\delta c_i - l_i}{\delta c_i - c_i}, \text{如果节点 } i \text{ 过载但不失效} \\ s_i = 1, \text{如果节点 } i \text{ 正常工作} \end{cases} \quad (4-64)$$

步骤 7：将网络恢复到原始状态并跳到步骤 2。

最后，对于要攻击的节点列表中的每个节点，得到在步骤 6 中记录的一组数据。这些结果衡量了网络在面临级联故障时的鲁棒性。

3. 仿真过程

最重要的一点是找出如何通过增加网络容量、改变网络参数等方法有效地提高网络的鲁棒性。使用前文中提到的评估方法，可以测量网络的健壮性，然后研究网络的鲁棒性与网络容量的增加和网络参数的变化之间的关系。

（1）攻击模拟。对于攻击的模拟，有节点失效和级联失效两种评估方法。这两种方法对应于电网经常遇到的两种主要扰动。虽然这两种方法都是为了评价网络的鲁棒性，而且都是合理的，但有时得到的结果差别很大。为了保持研究的完整性和客观性，将两者结合起来对网络进行评价。

除了评估方法的选择外，攻击节点的选择对评估结果也有很大的影响。在由真实电网构成的复杂网络中，总是存在着一些重要的节点和一些不重要的节点。攻击不同的节点会导致完全不同的评估结果，因此攻击特定节点得到的任何结果都不能代表网络的结果。使用不同的攻击策略（attack_strategies）来攻击网络指定次数，记录每次攻击的结果，然后使用这些评估结果的平均值来表示网络的最终结果。通常包括随机策略（random_strategy）、流优先策略（S_strategy）和度优先策略（degree_strategy）3 种攻击策略。在随机策略中，每个节点都有相同的概率被选择。在流 S 优先选择策略时，每个节点被选择的概率与流 S 正相关。在度 k 优先选择策略时，每个节点被选择的概率与度 k 正相关。

（2）容量增加。实际上，有一些方法可以提高网络的鲁棒性。建立本地补充电站是一种应用广泛的方法，可以把它抽象为网络的容量增加。由于容量的增加，对于网络中的一些负载节点，它们同时成为发电机和负载，其产生的功率 P_g 和负载功率 P_l 同时增加相同的值。

增容比（addition_ratio）是网络的总附加容量值与 P_{sum} 之比（P_{sum} 是 P_l 和 P_g 之和的最小值）。附加站比例（station_ratio）是网络中增加容量的站数与负载节点数的比值。

通过不同的添加策略来选择容量增加节点，所涉及的添加策略有 16 种。它们由 3 个决策（2×2×4＝16）组成：节点度量、排序方向和节点类型偏好。节点度量包括节点的流量 S 和度 k。排序方向决定了是先选择值最大的节点还是先选择值最小的节点。偏好决定了更偏向一种节点（发电机、负载或枢轴点）来增加容量，还是对它们一视同仁。

（3）与鲁棒性相关的网络参数。实际上，各电站的鲁棒性和设备的性能对整个电网的鲁棒性有很大的影响。在电网的复杂网络模型中，这些特征由网络参数表示。这些网络参数包括网络规模、网络平均度、容限系数、过载系数、失效概率和剩余系数。

4. 基于节点重要性的系统整体故障等级评估

随着网络应用的发展，网络用户不断增加，网络规模不断扩大，网络的结构也越来越复杂。作为复杂网络的一个重要研究方向，复杂网络的容错抗毁性也越来越受到关注。研究表明，不同拓扑结构的网络对于不同打击具有不同的抗毁性，在随机打击下无标度网络比随机网络具有更强的容错性，但是在选择性打击下，无标度网络却变得异常脆弱，5% 的关键节点被攻击，网络就基本瘫痪。并且在复杂网络中，存在着相继故障的现象，一个节点的失效，可能会引起其他节点的级联失效，从而导致全网络的性能下降甚至网络崩溃。因此，对复杂网络中节点的重要度进行分析是一项非常有意义的工作，一方面可以通过重点保护"重要节点"提高整个网络的可靠性和抗毁性；另一方面，可以通过"重要节点"提取出整个网络的核心网络，通过对核心网络分析得到该网络的一些特性。

为此根据节点重要性的高低，对系统的整体故障可以进行不同等级的评估，大体可以分为以下级别：

（1）严重瘫痪。严重瘫痪是指整个网络结构中的核心节点受损而导致整个网络功能严重下降，网络的连通率下降超过 80%，能量传输能力下降超过 80%。

（2）重大影响。重大影响是指网络中的重要节点受损，而导致故障向上、下游节点蔓延引发级联失效，导致网络性能大幅度下降，但又不至于造成整个网络瘫痪。

（3）局部故障。局部故障是指网络中的单个节点受损，故障仅仅在受损节点出现，不影响网络中的其他结构部分。在局部故障中，整个网络的连通率下降不超过 5%，能量传输能力下降不超过 5%。

参 考 文 献

[1] Madeti S R，Singh S N. Modeling of PV system based on experimental data for fault detection using kNN method [J]. Solar Energy，2018，173：139-151.

[2] Harrou F，Dairi A，Taghezouit B，et al. An unsupervised monitoring procedure for detecting anoma-

lies in photovoltaic systems using a one – class Support Vector Machine [J]. Solar Energy, 2019, 179: 48 – 58.

[3] Jia F, Luo L, Gao S, et al. Logistic Regression Based Arc Fault Detection in Photovoltaic Systems Under Different Conditions [J]. Journal of Shanghai Jiaotong University, 2019, 24 (4): 459 – 470.

[4] Moulahoum S, Benkercha R. Fault detection and diagnosis based on C4. 5 decision tree algorithm for grid connected PV system [J]. Solar Energy, 2018, 173: 610 – 634.

[5] Chen Z, Han F, Wu L, et al. Random forest based intelligent fault diagnosis for PV arrays using array voltage and string currents [J]. Energy conversion & management, 2018, 178: 250 – 264.

[6] He K, Zhang X, Ren S, et al. Deep Residual Learning for Image Recognition [C]. In: Proceedings of the 2016 IEEE Conference on Computer Vision and Pattern Recognition. Las Vegas, NV, USA, 2016: 770 – 778.

第5章 智慧巡检方法

通过智能检测算法虽然可以及时检测到故障的发生并进行预警，但是光伏电站的故障有多种，不同的故障需要不同的处理方式，因此需要研究特定的方法以确定不同故障的发生。考虑到分布式光伏电站较为分散且选址比较偏僻，在光伏组件常见的遮挡、热斑以及隐裂等问题的检测过程中，需要耗费大量人力且效率较低，本章将针对不同的问题，研究不同的智能检测方法，提升分布式光伏电站运维效率。

5.1 遮挡检测算法

5.1.1 问题分析

传统的光伏组件遮挡物识别依赖人工巡检的方式，即通过工作人员在光伏组件处实地观察来判断是否存在遮挡物。这种方式需要耗费大量的人力及时间成本，检测效率低下。此外，对于特殊场景（如屋顶、墙壁等），人工巡检实现难度较大。近年来，随着计算机视觉领域和人工智能技术的发展，越来越多的研究者开始关注物体识别问题，并将其应用于现实问题中，如图像分类，人脸识别，行人重识别等。现有工作大多利用卷积神经网络进行图像语义信息的提取，并基于该信息完成物体识别。在众多实际问题的成功应用，体现了卷积神经网络针对不同场景的强大的特征表示学习能力。可以利用物体识别技术实现对光伏组件遮挡物有无的精确识别。

然而，基于现有技术完成光伏组件遮挡物识别任务面临着多项挑战：

（1）受自然环境影响，光伏组件上的遮挡物分布稀疏程度不同，遮挡物既可能呈聚集趋势也可能散乱分布。例如：在无风的天气下，光伏组件上可能存在具有较多落叶遮挡的区域，分布密集；而在有风的天气，光伏组件则可能会存在单点分布的落叶遮挡情况。因此，如何准确识别各种分布下的遮挡物是一个难点。

（2）同一遮挡物，其存在的位置与识别结果强相关。例如：当落叶存在于光伏组件旁的地上时，其显然并未对光伏组件造成遮挡。因此，如何避免光伏组件周围环境中存在物体的干扰也是一个挑战。

（3）在光伏组件图像采集的过程中，受拍摄距离和角度等因素影响，同一种遮挡物可能以不同形态和大小出现在图像中。因此，如何自适应地对不同尺度的遮挡物进行识别，同样是一个需要解决的问题。

为了解决上述问题，可以采用面向光伏组件的遮挡物识别网络 PORNet。该模型将图像多个分辨率的特征引入到整体光伏组件的遮挡物识别任务中，并自动选择语义信息最具代表性的特征完成识别，从而全面增强对光伏组件遮挡物的密度变化、尺度变化及背景变化的敏感性，提高识别的准确性。PORNet 分为图像特征提取、多分辨率特征提取和特征自选择 3 个模块。对于图像特征提取模块，采用浅层残差网络，在网络的不同深度处获得各分辨率的特征图。对于多分辨率特征提取模块，引入特征金字塔，利用自深向浅的特征融合机制，构建具有丰富语义信息的多尺度特征。对于特征自选择模块，根据最大激活，自动选择语义最具代表性的特征，并舍弃其他特征，最终直接使用该特征完成遮挡物识别。

5.1.2 问题研究

相关符号及含义见表 5-1。假设有 N 张标注好的光伏组件图像 $\{I_1, I_2, \cdots, I_N\}$，第 i 张图像的标签为 $y_i \in \{0, 1\}$，其中 $y_i = 1$ 表示第 i 张图像存在遮挡物，$y_i = 0$ 表示第 i 张图像不存在遮挡物。所使用的标注图像训练模型 F，训练结束后，可以用模型对任意一张光伏组件图像 I' 进行识别，判断是否存在遮挡物。模型输出 $s' = F(I'|\theta_F)$ 表示 I' 中存在遮挡物的概率，其中 θ_F 表示模型 F 的参数。

表 5-1　　　　　　　　　　符　号　表　示

符　号	含　义	符　号	含　义
y_i	第 i 张图像类别	FC	全连接层
ReLU	ReLU 函数	GAP	全局平均池化
Sigmoid	Sigmoid 函数	L_{cls}	分类损失函数
BN	批归一化层		

在光伏组件的遮挡物识别问题中，受自然因素、图像采集等因素影响，遮挡物的密度和尺度都会有很大变化；此外，仅在物体本身能够对光伏组件构成遮挡时才需要被识别，故其识别不仅与物体类别有关，还与物体背景信息有关。传统识别算法中常用的单一分辨率特征对小尺度和低密度物体不够敏感，且易淡化物体背景信息，所以并不适用于此场景。在多分辨率特征自选择算法中，将特征金字塔引入到遮挡物识别过程中，以加强对各个尺度、各个密度下的遮挡物的语义表达；并通过对多分辨率特征的自动选择，全面提升对光伏组件遮挡物背景信息的敏感性。算法整体流程如图 5-1 所示，分为图像特征提取、多分辨率特征提取及特征自选择 3 个模块。

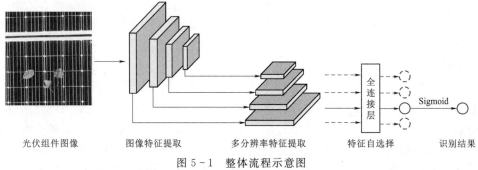

光伏组件图像　　图像特征提取　　多分辨率特征提取　　特征自选择　　识别结果

图 5-1　整体流程示意图

在图像特征提取模块中，使用在物体识别中常用的残差网络对全局特征进行提取。大部分物体识别方法只保留下采样倍数最大的特征图。然而，在光伏组件的遮挡物识别中，为了关注多个尺度的遮挡物信息，会在网络的不同阶段保留不同下采样倍数的特征图，以用于后续识别过程。

不同分辨率的特征图具有不同的特性，浅层的特征分辨率较高，具有较多的纹理信息；深层的特征分辨率较低，具有丰富的语义信息。传统物体识别算法大多只关注物体类别信息，所以直接使用语义信息较丰富的最深层特征进行分类。然而，在光伏组件图像中，无论是尺度较小的遮挡物的识别还是遮挡物背景信息的获取都需要一定的纹理信息，因此需要考虑将纹理信息与语义信息结合起来，生成更有效的特征。在多分辨率特征提取模块中，引入特征金字塔机制，采用从深到浅的方式对特征进行逐层融合，将语义信息逐步传递至各尺度特征图，从而完成与纹理信息的结合。

在获得多分辨率特征图后，需要对其进行合理融合以用于识别。由于在一般的识别任务中，待识别物体的类别信息更为重要，而此时各分辨率的特征对于物体识别都有贡献，且贡献难以衡量。所以可以直接为每个分辨率的特征设置相同权重，并按权重进行融合。然而，在光伏组件的物体识别任务中，单纯的特征融合存在两个问题：①可能将错误的背景信息引入遮挡物；②由于可能存在密度较低、尺度较小的遮挡物，故多个分辨率特征直接融合会淡化其语义，减弱对遮挡物的识别能力。因此要根据语义信息，选择对特征表达最好的特征用于识别。特征自选择模块是以最大激活为依据来选择语义最具代表性的特征，将其用于最终的识别，同时舍弃其他特征。值得注意的是，多分辨率特征自选择算法具有可扩展性，可以扩展至多个类别，或迁移至其他场景的识别任务中。

首先是图像特征提取模块。在图像特征提取模块中，基于残差网络对整体光伏组件图像进行多个尺度的全局特征提取。残差网络的基本单元是残差单元，如图 5-2 所示。对于输入信号 X，相比于直接学习到输出信号 Y 的函数 F，残差单元学习输出信号与输入信号的残差 $Y-X$，即

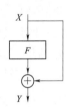

$$Y = X + F(X) \tag{5-1}$$

此时，梯度能直接从输出传递至输入，避免了网络层数过深导致的梯度消失的问题。

图 5-2　残差
单元结构图

本模块中的整个特征提取网络则由 4 个大残差块构成，每个大残差块又由两个残差单元组成。在残差单元的具体实现中，采用了图 5-3 中的结构，对于输入信号 X，输出信号 Y 可以表示为

$$Y = \mathrm{ReLU}(\mathrm{BN}(\mathrm{Conv2}(\mathrm{ReLU}(\mathrm{BN}(\mathrm{Conv1}(X)))))+X) \tag{5-2}$$

式中　BN——批归一化层；

　　　Conv——卷积层。

整体网络结构如图 5-4 所示。首先图像会输入到一个卷积核大小为 7×7，步长为 2，卷积填充大小为 3 的一个卷积层中进行降采样，之后会经过步长为 2 的最大池化层进一步降采样，最后会输入到 4 个残差块中。这 4 个残差块中除第一个残差块外，每个残差块的第一个残差单元的第一个卷积层的步长都为 2，以将特征图的尺度减小为输入的一半。设第 i 个残差块的输出为 C_i，输入图片的高为 H，宽为 W，则在通过图像特征提取模块后可以得到 C_1、C_2、C_3 和 C_4 共 4 个不同尺度的特征，且有 $C_i \in \mathrm{R}^{\left\lfloor \frac{H_i}{2^{i+1}} \right\rfloor \times \left\lfloor \frac{W_i}{2^{i+1}} \right\rfloor \times C_i'}$，$i = 1$，2，3，4，其中 $C_i' = 2^{i+5}$，表示第 i 个特征图的通道数。

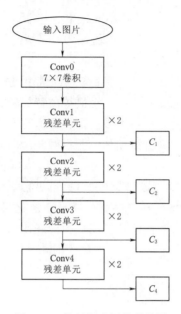

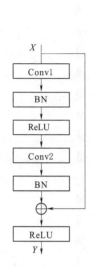

图 5-3　实际实现残差单元结构图　　图 5-4　特征提取网络结构图

多分辨率特征提取模块的结构如图 5-5 所示。在本模块中，从 C_4 开始，将深层特征的语义信息逐步向浅层融合。由于不同分辨率的特征间的通道数不同，所以首先需要将每个模块用 1×1 卷积，统一至相同通道数，设第 i 个特征图 C_i 所用的 1×1 卷积为 T_i，则统一通道数后的特征图 H_i 可以表示为

$$H_i = T_i(C_i) \tag{5-3}$$

此处，1×1 卷积还起到了梯度缓冲的作用，防止后续过程中自浅向深的特征融合操作影响主干网络。

得到相同通道数的特征图 H_i 后，从 H_4 开始逐步向浅层融合，融合方式如下：设 M_i 为第 i 层对应尺度在融合后获得的特征，要获得 $M_i - 1$，首先使用双线性插值的方法将 M_i 上采样至原尺度的 2 倍。此时其尺度和通道数均与 H_i 相同，再将其与 H_i 逐个元素地相加。最后，为了消除上采样带来的混叠效应，同时提高感受野，使用 3×3 卷积对 M 进行处理。设 M_i 使用的 3×3 卷积操作为 G_i，则最终输出为

$$P_i = G_i(M_i) \tag{5-4}$$

综上，从 C_i 得到 P_i 可表示为

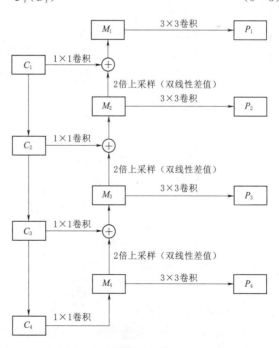

图 5-5　多分辨率特征提取网络结构图

$$P_i = \begin{cases} P_4, & i=4 \\ G_i(T_i(C_i)) + Up_{2\times}(T_{i+1}(C_{i+1})) & i=1,2,3 \end{cases} \qquad (5-5)$$

式中 $Up_{2\times}$——2 倍上采样操作。

在一般的识别任务中，特征融合的常用方式是直接融合。然而，特征间的尺度不同，不能直接相加来完成融合。一个简单的特征融合方案是利用特征间通道数一致的特点，首先使用全局平均池化，将不同特征转换为与通道数相同维度的向量；再将各个分辨率对应的特征向量逐个元素直接相加，获得融合后的向量。上述操作可表示为

$$P = \sum_{i=1}^{4} GAP(P_i) \qquad (5-6)$$

而在本模块中，没有选择融合后再进行识别，而是首先在各尺度同时进行预测，如图 5-6 所示。每个特征图在进行全局平均池化后，直接输入到全连接层获得激活结果，之后选择能得到最大激活的特征图作为最终使用的特征图。上述操作可以用计算式表示为

$$P = \underset{P_i}{\arg\max} FC(GAP(P_i)) \qquad (5-7)$$

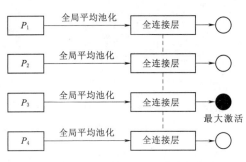

图 5-6 特征自选择识别模块结构图

该操作也可以看作将被选择的特征图权重设为 1，其余分辨率特征的权重设为 0 后，按权重进行融合的结果。

在训练的过程中，各尺度特征间使用的全连接层的参数是共享的。原因如下：最大激活输出的操作会将除最大激活以外的输出反传的梯度置 0。在训练初期，由于各层的参数都是随机的，所以正样本也会在随机的一层特征上进行训练。假如全连接层不共享参数，此后，对于正样本而言，该层的激活会比其他层更大，最终导致只有一层特征得到训练的情况。

此外，特征自选择的作用同时体现在了正负样本上。对于正样本，由于识别网络参数共享的机制，训练过程中会自动选择最合适分辨率的特征来对网络进行训练，并保证各个分辨率的特征都有机会得到训练；对于负样本，由于最后输出的是最大激活，所以训练时，会形成互相监督的机制，一旦某层对负样本的预测概率过高，就会产生反传梯度，从而进一步压低对负样本的预测概率。

在完成特征选择后，直接使用计算最大激活的全连接层来得到激活值，再使用 Sigmoid 函数得到最终分数 s，上述过程可表示为

$$s = \text{Sigmoid}(FC(P)) \qquad (5-8)$$

在训练过程中，对于最终的输出分数 s，使用交叉熵进行训练。设训练样本的标签为 y，$y=1$ 表示为正样本，$y=0$ 表示负样本，则训练阶段的损失 L_{cls} 为

$$L_{cls} = y\ln s + (1-y)\ln(1-s) \qquad (5-9)$$

5.1.3 识别算法验证

为了获得用于训练的正负样本，可以通过手动粘贴、裁剪等方式处理原始数据。对于识别算法的评估，可以选用准确率、召回率以及 AUC（Area Under Curve）指标。准确

率能很好地衡量模型整体预测的正确性，但不能体现针对不同类别样本的预测准确性，尤其在正负样本比例相差较大的情况下。召回率能体现网络对遮挡识别的召回能力，但在分类阈值设定得比较低时无法体现模型的真实性能。AUC 表示 ROC 曲线下的面积，对于识别问题是一个公正而全面的评价指标，而且其对正负样本的比例不敏感，所以适用于测试样本中正负样本相差比较悬殊的评估场景。

5.2 光伏组件热斑检测算法

5.2.1 问题分析

在光伏设备运行的过程中，难免会出现飞鸟、落叶、尘土等堆积在光伏组件上的情况，这样的遮挡会导致该区域成为发电设备的负载，造成局部发热严重、发电量降低等问题。更严重的是，随着温度的积聚，会使光伏组件上的焊点熔化并毁坏栅线，从而导致整个光伏组件的损毁。分布式光伏电站具有分布范围广、位置偏远、规模小等特点，因此运维人员对光伏设备热斑效应检测的难度更大、运维难度更高。

传统的热斑检测依赖于人工巡检的方式，即通过工作人员在光伏组件处实地校验每个光伏设备的状态来判断是否发生了热斑现象。这种方法需要大量的人力物力和时间成本，效率很低。常见的是使用电子元件的电压电流特性对热斑的发生进行检测，如基于 $I{-}U$ 特性曲线的热斑检测方法、等效电路法、旁路二极管在线监测方法等。这些方法存在的问题也很明显，不同设备因其规格、材料和品牌的不同，其 $I{-}U$ 特性曲线存在较大差异；同时，在节点上安装采集器、汇总传输到检测中心，安装的成本高、线路设计更为复杂。

近年来，人工智能和深度学习技术发展迅速，可以采用基于无人机采集红外照片的图像处理的方法来解决热斑检测问题。深度学习在人脸识别、目标跟踪、图像分类、行人重识别等领域均取得了较好的效果。这些方法首先利用卷积神经网络强大的特征提取能力提取深度特征，然后对特征进行分类，实现对目标的识别。

目前的光伏热斑检测面临着以下问题：

(1) 各个光伏组件之间排列紧密、数量众多，给目标检测算法提出了很高的要求。

(2) 由于光伏组件表面光滑，无人机拍摄时会发生太阳光的反射形成光斑，目标检测算法需要对光斑形成的原因进行分辨，增加了目标检测的难度。

(3) 发生热斑现象的光伏组件数量远少于正常的光伏组件数量，给训练带来很大的难度，处理不好往往会导致总体的准确率很高，但是对于某一种类别的准确率却很低的现象发生。

可以使用基于注意力机制的热斑检测算法 HSNet 来解决上述问题：首先利用图像分割消除反光影响；其次结合通道注意力机制学习通道间的特征信息，增强目标区域的重要性，使用自定义锚点的方法提高检测速度；然后使用焦点损失激活函数和基于物体先验概率的类别预测方式改善训练目标样本不均衡导致的分类准确性低的问题；最后通过回归方法获取准确的目标位置。

5.2.2 检测框架

设训练集为 D，训练集的大小为 N，I_i 表示第 i 张图片，其中 $i\in\{1,\cdots,N\}$，第 i

张图片中包含有 K_i 个光伏组件，第 j 个光伏组件表示为 I_{ij}，其中 $j \in \{1, \cdots, K_i\}$，利用 y 来表示光伏组件是否含有热斑，$y_{ij} = 0$ 表示第 i 张图片的第 j 个光伏组件不包含热斑，同时 $y_{ij} = 1$ 表示第 i 张图片的第 j 个光伏组件包含热斑。训练模型为 M，训练输出结果为 O_x，O_y，O_w，O_h，分别表示检测目标回归后的左上角坐标和目标的宽度和高度，L_{cls} 表示所选目标为含有光伏组件的概率。

在热斑检测问题中，图像采集时的反光现象会对检测效果造成较大的影响。无人机拍摄的光伏阵列如图 5-7 所示，绿色框、黑色框和蓝色框选中的分别是含有热斑的光伏组件、正常的光伏组件和反射造成光斑的正常光伏组件。

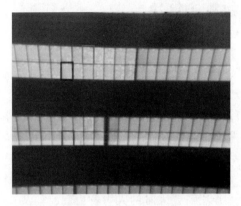

图 5-7 无人机拍摄的光伏阵列

为了避免反光部分对热斑检测的干扰，可以采用图像分割网络进行反光部分的检测。网络采用类 U-Net 的结构，并根据应用需求对其进行简化，反光消除网络结构如图 5-8 所示。其中卷积单元由两层卷积层组成，使用 ReLU 作为激活函数；下采样单元、上采样单元都包含两层卷积层，分别使用最大池化操作和双线性插值法进行采样。对应的上、下采样单元之间使用张量拼接的方式进行连接，使网络的浅层特征能够直接到达上采样层，增强图像纹理信息的传递。

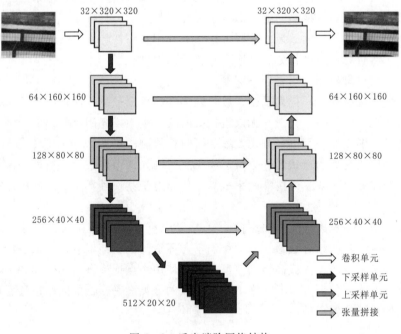

图 5-8 反光消除网络结构

训练时，反光检测网络作为独立的模块进行训练。在测试时，输入图像在经过缩放、归一化等操作后输入反光检测网络，得到反光部分掩码。根据掩码，将图像相应部分的像素值置为 0，从而完成反光区域消除的处理。

光伏组件上除了散乱排列的热斑外，还有规则排列的器件固有亮斑，两者极易使检测算法混淆，所以在提取特征时需要丰富各个亮斑的表达语义。热斑检测模型处理框架 HS-Net，如图 5 - 9 所示。在特征提取阶段使用 ResNet 结构结合注意力机制。更深的网络能够获得更加丰富的语义信息，抽象能力更强，ResNet 解决了更深层次网络的梯度消失、爆炸的问题，同时，注意力机制的引入能够使得网络模型在训练的过程中学习到图像中更感兴趣的区域的特征（更有可能出现目标）。

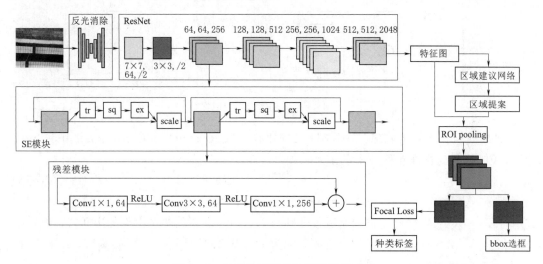

图 5 - 9　热斑检测模型处理框架 HSNet

在特征提取阶段：首先，使用大小为 7×7 的卷积核对图像进行初步提取，为了加快处理进程，设置步长为 2，输出通道为 64；然后，使用更小的 3×3 的卷积核做进一步卷积提取特征；接下来连接 4 个 SE 模块，每个模块输出通道分别为 256、512、1024 和2048，通道数越多提取出的抽象网络信息越多；再接下来，使用区域建议网络，将得到的特征图映射回原图片，设置不同数量和大小的锚点初步设定目标大小；最后，将建议的锚点输入到分类回归模块，将锚点值进行分类和回归分析，得到更加精确的目标位置和类别。

热斑特征提取模块可以采用 Residual 结构，即在原来的卷积模块上增加一个分支，用来传递上一次卷积的结果。Residual 结构如图 5 - 10 所示。

该 Residual 结构单元在每两个权重层前后开辟了一个通路，将前一个 Residual 结构的输出与本层 Residual 结构的输出相加，即上一个结构单元的输出误差为 x，则经过两个权重层与 ReLU 函数的计算输出误差为 $F(x)$，将两个误差合并为 $F(x)+x$ 作为本层的残差输出。从函数层面来说，即使取最小值 $F(x)=0$，更深

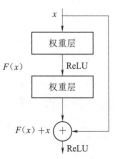

图 5 - 10　Residual 结构

层次的网络输出 $F(x)+x$ 也会大于等于输入 x，则浅层次的热斑特征在更深层次上得到了继承和表达，从而可以避免梯度消失的现象发生。

注意力机制能够在网络训练的过程中学习出图像中更感兴趣的区域，热斑的分布不规律，利用注意力机制可以获得更加准确的热斑特征信息。根据 VASWANI 等人的研究，注意力机制的核心思想是通过网络来为不同的特征图学习权重，通过权重的大小来增强感兴趣区域的表达并抑制权重较小的区域。可以借鉴 SeNet 结构，使用挤压/激励模块，模块的结构图如图 5-11 所示。

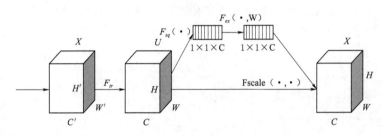

图 5-11 SE 模块结构

SE 模块包含 4 个组成部分，分别是 Ftr 操作、Squeeze 操作、Excitation 操作和 Scale 操作，Ftr 操作为标准卷积公式定义为

$$F_{tr}:X \rightarrow U, X \in R^{W' \times H' \times C'}, U \in R^{w \times H \times C} \qquad (5-10)$$

$$u_c = v_c \times X = \sum_{s=1}^{C'} v_c^s \times x^s \qquad (5-11)$$

式中 X——输入数据长、宽和通道数分别为 H'、W' 和 C' 的热斑图像的中间特征图，输出为 U，长、宽和通道数分别为 H、W 和 C；

u_c——输出的第 c 个通道；

v_c——第 c 个卷积核；

x_s——第 s 个输入。

输出 U 即为大小为 $H \times W$ 的 C 个特征图。

Fsq 为 squeeze 操作，目的是将 Ftr 操作的结果转化为 $1 \times 1 \times C$ 的向量，计算公式为

$$z_c = F_{sq}(U_c) = \frac{1}{W \times H} \sum_{i=1}^{W} \sum_{j=1}^{H} U_c(i,j) \qquad (5-12)$$

式中 U_c——特征图 U 的第 c 个通道；

W、H——特征图 U 的高和宽。

式（5-12）表明 Squeeze 操作是将 Ftr 操作的输出热斑特征图做平均池化，取每个通道的平均值作为该通道的 Fsq 输出。全局平均池化可以使注意力模块获得全局的感受野，学习到全局信息的热斑分布信息。

Fex 为 Exciation 操作，目的是为了学习不同通道的权重信息，这里使用全连接层来融合不同通道的热斑特征图的信息，使用 Sigmoid 激活函数来刻画不同通道之间的非线性关系。Fex 模块的计算公式为

$$s = F_{ex}(z,W) = \sigma[W_2 \delta(W_1 z)] \qquad (5-13)$$

其中

$$W_1 \in R^{\frac{C}{r} \times C}, W_2 \in R^{C \times \frac{C}{r}} \qquad (5-14)$$

$$\delta = \mathrm{ReLU}(),\text{并且 } \sigma = \mathrm{Sigmoid}()$$

式中　r——计算的通道数，为了降低通道数量，简化计算复杂度，选择 $r=16$；ReLU 函数不改变通道数量，第二个全连接层输出改为 $1\times1\times C$；

　　　z——Fsq 层的输出特征信息。

Fscale 层的设计是为了将残差模块的卷积特征图与注意力机制的输出相结合，Fscale 模块是将残差模块的第 c 个通道的值分别乘以 Sigmoid 层输出的第 c 个权重。这样便可以将注意力机制中学习到的权重作用于学习中去，计算公式为

$$x_c = F_{scale}(u_c, s_c) = s_c \times u_c \tag{5-15}$$

式中，u_c、s_c——残差模块的第 c 个通道和 Sigmoid 层输出的第 c 个通道值。

采用 K-Means 聚类的方式确定生成 anchor 的大小。标准的 K-Means 采用两个标注框的宽和高的欧氏距离作为度量，这样会导致较大的候选框之间的距离比小的候选框之间的距离大，所以可以选择两个标注框的重合面积比（IOU）作为度量。K-Means 计算公式为

$$IOU_{(box,anchor)} = \frac{intersection}{union} \tag{5-16}$$

$$d_{(box,anchor)} = 1 - IOU_{(box,anchor)} \tag{5-17}$$

式中　box 和 $anchor$——中心簇的矩形框和其他矩形框；

　　　$intersection$——两个矩形框的相交部分的面积；

　　　$union$——两个矩形框相并覆盖的面积，在计算时两个矩形框的左上角重合；

　　　d——K-Means 的度量，IOU 越大的两个矩形框表示两个矩形框的面积越相似，所以计算距离时取（$1-IOU$）的值。

在 R-CNN 分类阶段，一般仅使用分类器得到建议区域的类别预测结果，但类别预测结果无法反应区域预测本身的准确性，一个准确度较低的结果框可能有较高的分类得分。

将类别预测表示为物体先验与具体类别条件概率的结合，物体先验可以由 RPN 的输出得到，设 $O_i \in \{1,0\}$ 表示第 i 个建议区域是否为物体，C_i 表示第 i 个建议区域在通过 R-CNN 后的类别预测，则最终类别预测可表示为

$$P(C_i) = P(C_i|O_i=1)P(O_i=1) \tag{5-18}$$

尽管测试流程发生了变化，整体的训练过程是无需变化的，从极大似然的角度看，类别预测等价于

$$\ln P(C_i) = \ln P(C_i \mid O_i=1) + \ln P(O_i=1) \tag{5-19}$$

而对于背景的极大似然则可以表示为

$$\ln P(bg) = \ln(P(bg \mid O_i=1)P(O_i=1) + P(O_i=0)) \tag{5-20}$$

由 Jensen 不等式得

$$\ln P(bg) \geqslant \ln P(O_i=0) \tag{5-21}$$

由此可得背景类别极大似然的优化等价于优化其下界，也就是提高 RPN 背景类预测概率。同理，可得另一个下界为

$$\ln P(bg) \geqslant P(O_i = 1)\ln P(bg \mid O_i = 1) \tag{5-22}$$

该式表明同样需要优化 R-CNN 阶段的背景类预测的极大似然，并且在更改预测流程后，原训练过程与现预测流程是等价的，无需对损失函数做出任何改动。

目标检测领域存在的正负样本不平衡的问题会给模型训练带来极大的困难。在训练的样本中，将图像的标注框分成了 4 个不同的种类，分别为正常光伏组件（normal）、脏污型热斑（dirty）、斑点型热斑（hotspot）、长线型热斑（hotline）。

不同种类的样本数量相差数较大，这样的样本比例使得模型的训练难度增加，难以准确地对结果进行分类。而在热斑检测任务中，可以将不同种类的热斑融合为一种，即将 hotspot、hotline、dirty 融合为一种 hotspot，但即便如此，正常样本与热斑样本的比例依然有 9∶1。为了解决样本不均衡的问题，将 faster R-CNN 分类阶段的分类函数 softmax 改成 Focal Loss 函数。Focal Loss 函数在不同类别的 loss 上分别施加不同的权重，使得注意力能够更多的放在分类错误的类别上。

Focal Loss 的计算公式为

$$p_t = \begin{cases} p & y=1 \\ 1-p & \text{其他} \end{cases} \tag{5-23}$$

$$PL(p_t) = -\alpha_t \ln(1-p_t)^\gamma \ln(p_t) \tag{5-24}$$

式中　α_t——本训练批次中含有这种样本的比例求倒数；

$p_t = p$——样本为热斑的概率。

在训练中，由于热斑样本较小，则相对应的 $\ln(1-p_t)$ 的值较大，对 PL 影响不大，而当遇到正常（Normal）样本时，该种类概率较大，则相对应的 $\ln(1-p_t)$ 的值较小，降低了大概率样本对 Loss 值的贡献。

5.3　小样本光伏组件隐裂检测算法

5.3.1　问题分析

基于深度学习的检测模型需要大规模数据的支持，少量的数据提供的经验十分有限，使得模型训练不充分，从而导致过拟合现象，降低了检测精度。但是在实际生产线中含有隐裂的样本较少，收集并标注组件图像需要投入大量的人力成本，工业生产场景下不易满足基于大规模数据集的深度模型训练条件。另外，光伏产品更新迭代迅速，不同产品外观结构均有所差异，已有模型未必适合新型产品，而针对每批产品重复训练模型也会浪费大部分历史经验。

针对上述应用需求，面向光伏单晶组件的隐裂检测问题，可以采用多损失融合的小样本光伏组件隐裂检测算法，作为一种基于小样本学习的隐裂检测框架，能够减少样本收集和标记的开销，缓解缺陷样本稀少的问题，实现对新型光伏产品隐裂检测任务的快速适配。针对电池片上隐裂分布不规则的问题，引入基于特征的自注意力机制，增强模型的表达能力，保证模型在不同产品间的鲁棒性。采用多损失融合约束模型训练的策略，使模型从不同类型的电池片中提取隐裂的共性特征，充分利用历史采集数据。基于光伏组件公开数据集与产线数据集，上述方法的实验结果能够优于其他小样本学习方法，具有很好的有效性。

在进行 N 个类别的小样本分类时，每类给出 K 个已知标签的样本，且 K 值比较小，则可称该类问题为 $N-way$ $K-shot$ 的小样本问题，共有 $N\times K$ 张已确定标签的图像作为对照样本。将电池片图像分为有隐裂和无隐裂两类，则上述方法的主要任务是判断图像属于哪一类，构造 $2-way$ $K-shot$ 小样本检测问题。多损失融合的小样本光伏组件隐裂检测算法流程如图 5-12 所示，首先对即将输入到特征提取网络的图像进行预处理。以区分有无隐裂为主分类，在训练阶段通过将模型的多头注意力机制和多损失函数优化配合，促使模型从多样化组件数据中关注隐裂信息，且允许同属隐裂的类型中仍可能包含多种子分类。进而有益于利用特征间相似度对未知样本进行预测，实现小样本支持下的隐裂检测。

5.3.2 多损失融合模型

1. 隐裂特征提取网络

（1）选取骨干网络。为了将图像映射到特征空间中，提取图像蕴含的语义信息，首先基于历史数据集提供的基类训练得到特征提取网络。为增强模型的信息提取、表达能力，可以选择多层骨干网络，并引入多头注意力机制使图像特征提取网络在多样化的数据中侧重于获取能够分辨有无隐裂的特征。

在残差网络出现之前，人们希望通过增加神经网络层数提取更丰富的特征，但是实验证实，逐渐加深神经网络，模型准确率会先升高进而达到饱和，在此基础上继续增加层数反而会导致准确率下降。这是由于在反向传播过程中，较小的权值经过多层传播会产生梯度消失现象。在一个层数比较少且准确率达到饱和的网络后附加多个恒等映射层，可实现增加网络深度，He 等人以此为灵感，设计引入跳跃（Shortcut）结构的残差网络（图 5-13），解决了由于网络层数增加导致的梯度消失问题。为了通过增加网络层数进而增强模型的信息提取能力，可以选用残差网络 Resnet50 作为特征提取网络的骨干网络。

（2）引入注意力机制。光伏组件产品不断更新换代，其外观和拍摄条件均存在差异，而隐裂检测任务的关注点在于判断是否有隐裂。因此可以通过在特征提取网络中引入注意力机制来降低不同产品间无关因素的干扰，注意力机制通过两个串联的注意力计算模块（Transformer Block）进行构建。在损失函数的约束下，给骨干网络的 Layer3 输出的全局特征图附加侧重于隐裂识别的注意力，增强模型对隐裂的关注度。注意力计算模块示意图，如图 5-14 所示。该模块输出的各元素能够拥有全局信息，并且通过不同的头获取多层面的语义信息，利用前馈层（Feed Forward）对输出向量进行特征转换，丰富模型的表达能力。

为满足注意力计算模块的工作特性，首先对特征图进行序列化，如图 5-15 所示，维度调整后，将每个位置看作一块，经过注意力机制模块后恢复为原特征图大小，下采样并升维后作为特征提取的补充部分，共同参与特征表示。

2. 多损失结合策略

（1）直接分类损失。该损失是约束模型训练的最基础的损失，通过交叉熵损失衡量由全连接层实现的分类器的输出，其计算方法可描述为

$$Loss_{cross}=\frac{1}{N}\sum_{i=1}^{N}-q_i\ln(p_i) \tag{5-25}$$

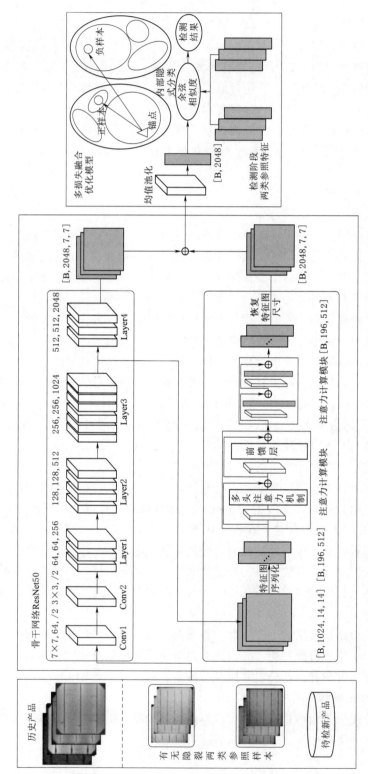

图 5 - 12 多损失融合的小样本光伏组件隐裂检测算法流程图

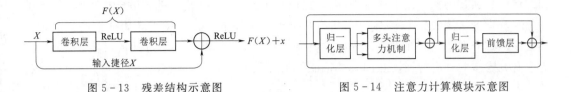

图 5-13　残差结构示意图　　　　　图 5-14　注意力计算模块示意图

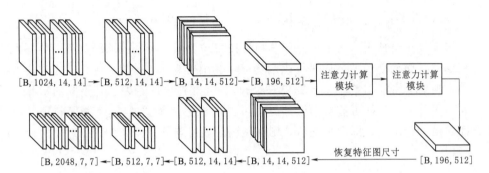

图 5-15　特征图序列化

一方面，q_i 在 i 与真实标签 y 对应时取 1，否则取 0，也可用于对新产品是否含有隐裂进行直接预测，但考虑到历史产品和新产品间差异较大，可将其作为参照预测。另一方面，为了避免特征提取网络对当前任务产生过拟合而不适应新的产品检测任务或受到标记不准确的标签影响，在计算上述交叉熵损失时，引入了标签平滑策略，将待预测图像属于另一类的可能性也纳入衡量范围内，对交叉熵损失中的值 q_i 的修改为

$$q_i = \begin{cases} 1 - \varepsilon(N-1)/N, & i = y \\ \varepsilon/N, & i \neq y \end{cases} \tag{5-26}$$

（2）三元组损失。引入三元组损失目的在于拉近特征空间中同一类的距离，推开不同类之间的距离，使同一类的特征形成聚类，该损失的衡量方式 $Loss_{Tri}$ 可描述为式（5-27），其中 a 作为锚点，p 为与 a 同一类的正样本，n 为不同类的负样本，d 表示特征间的欧式距离。三元组损失的应用可以促使模型将有隐裂的不同产品拉近，相同产品中有无隐裂的两类拉开。在基于小样本进行预测时，有助于根据少量参照样本将待预测图像进行归类，即

$$Loss_{Tri} = \max\{[d(a,p) - d(a,n) + margin], 0\} \tag{5-27}$$

（3）隐式分类损失。由于训练集中的组件具有多种类型，且不同类型产品和隐裂间仍具备一定差异。为了解决上述问题，可以采用隐式分类的方法，以是否有隐裂作为主分类，每类对应 M（如 $M=3$）个子分类，则隐式分类器的输出对应 6 个预测值，且经过图像输入后可以产生 6 个特征向量。在模型训练阶段将是否有隐裂看作两个子分类任务，分别以有隐裂样本为正样本和以无隐裂样本为正样本，分别对应分类器输出的 3 个值，即

$$pred = \mathrm{Softmax}\left(S_{max} \times W + \sum_{i=1}^{M} S_i \times \frac{1-W}{M}\right) \tag{5-28}$$

在任意一个子分类任务中借鉴标签平滑技术的特点，对预测最大值 S_{max} 给予较高权重 W，并与其他预测值均分剩余的权重 $1-W$，计算属于该主类的所有子分类的分数总

和。将该总和视为预测属于该主类的总分进行 Softmax 归一化，把分数转换到 0~1 范围内的二分类交叉熵损失 $Loss_{BCE}$，最后将两个子分类任务的二分类交叉熵损失进行加和以代表该隐式分类损失。在训练过程中，该隐式分类损失能够与注意力机制配合，促进模型提取有无隐裂的分辨特征，在同一类特征下仍可包含子分类，贴合训练集数据分布特点。二分类交叉熵损失 $Loss_{BCE}$ 为

$$Loss_{BCE} = -\frac{1}{N} \sum_{j}^{N} \left[y_i \ln(pred_j) + (1-y_i)\ln(1-pred_j) \right] \qquad (5-29)$$

（4）特征优化与预测。将上述三部分损失按权结合用于特征提取网络反向传播优化参数。特征提取网络输出的特征向量可表示为 f，其维度为 1×2048。将有无隐裂两类参照集中的样本映射为特征向量 $f_i(i=1,2,\cdots,2K)$。考虑到组件隐裂也有不同的形状、分布特点，同一主分类内特征可能有细微差异，可以选择保留每类的 K 个参照特征，不对同一类特征向量进行压缩，即取平均值，则在预测阶段可与共 $2\times K$ 个特征进行比较，即

$$Sim(f, f_i) = \frac{\vec{f} \cdot \vec{f_i}}{\| f \| \cdot \| f_i \|} \quad i=1,2,\cdots,2K \qquad (5-30)$$

采用余弦相似度 Sim 衡量待测特征与各参照特征间的相似度，相似度值越大说明图像与对应类别越相似，可实现有限参照样本下的单晶组件隐裂检测，即

$$clf = \lfloor \operatorname*{argmax}_{i}(Sim(f, f_i))/K \rfloor \qquad (5-31)$$

上述多损失结合策略不仅可以从不同角度与注意力机制配合，约束模型从多样化数据中提取有利于分辨隐裂的特征，还可以给预测阶段带来更多的判别依据。在更困难的场景下，比如要完成在没有任何新产品样本作为参照时的隐裂检测任务时，上述方法利用直接预测得分，并衡量待测特征与历史训练集提取的多个隐式分类对应的特征间的相似度。在具体实现中，首先对相似度的值进行放大，然后对其进行 Softmax 归一化，以增大相似度间差异，将相似度转化为预测得分，进而可将相似度对应得分与直接预测得分按权结合，缓解参照样本缺失的问题。

参 考 文 献

[1] 叶进，卢泉，王钰淞，等. 基于级联随机森林的光伏故障诊断模型研究 [J]. 太阳能学报，2021，42（3）：358 - 362.

[2] Sun K，Xiao B，Liu D，et al. Deep High - Resolution Representation Learning for Human Pose Estimation [C]. In：Proceedings of the 2019 IEEE Conference on Computer Vision and Pattern Recognition. Long Beach，CA，2019，5693 - 5703.

第6章 分布式光伏云网架构

分布式光伏电站量多且分布广泛，运维过程要实现每个电站与云端的数据协同，因此数据量大且乱，电站运行信息、生产管理信息、地理气象信息等大规模异构数据存在复杂耦合关系。研究开放共享、安全可靠的分布式光伏云网架构和"云—端"协同的分布式光伏监测装置能够为分布式光伏电站运维提供极大便利。

6.1 开放共享、安全可靠的云平台架构研究

6.1.1 基于微服务的技术架构

目前分布式光伏业务的线上平台普遍采用的多层技术架构，将客户端展现、界面控制、业务服务、应用支撑、数据管理、底层支撑分离，实现各层之间的松耦合，提高系统的灵活性、可扩展性、安全性以及并发处理能力，同时通过统一数据接口实现与其他业务应用的数据交互。

但是随着应用规模的增长，当前传统的多层技术架构已越来越无法应对企业爆炸式的业务增长，例如：当前传统的多层技术架构只能通过在负载均衡器后面放置整个应用程序的多个实例来进行水平扩展，若需要在应用中扩展特定的服务，则需要在单个应用的任何部分/层中进行整个应用程序的构建和部署，从而导致当前传统的多层技术架构的扩展性较差，且不恰当的分层造成代码难以维护，从而导致系统混乱。

为解决以上问题，可以使用基于微服务的技术架构，根据分布式光伏业务的需求设置多个微应用和多个微服务，各个微服务独立运行在自己的进程里完成某个特定的功能，由多个独立运行的微服务构成"微服务＋微应用"系统，由于各个微服务和微应用为独立运行，因此，该"微服务＋微应用"系统在需要进行业务扩展时，只需根据分布式光伏业务的需求设置对应的微应用和微服务，扩展性较好，且代码易维护。

"微服务＋微应用"系统开发技术如图6-1所示，整套"微服务＋微应用"系统开发技术以SpringCloud为主，单个微服务模块以SSM（Sringmvc＋Spring＋Mybatis）组合开发。前端展示层，前端页面以H5＋CSS为主，框架以Node.js为主。负载层，前端访问通过Http协议到达服务端的负载均衡器（LoadBalance，LB），可以是F5等硬件做负载均衡，也可以自行部署（用户量小的前提下可以使用Nginx）。网关层，请求通过LB后，会到达整个微服务体系的网关层Zuul（gateway），内部嵌入Ribbon做客户端负载均衡，Hystrix做熔断降级等。服务注册，使用Eureka来做服务治理，Zuul会从Eureka集群获取已发布的微服务访问地址，然后根据配置把请求代理到相应的微服务去。Docker容器，所有的微服务都部署在Docker容器里，且前后端分离，各自独立部署前后端的微

服务，后端微服务之间相互调用，微服务模块之间采用 Http 等协议方式，调用技术采用 Feign＋Ribbon＋Hystrix。统一配置，每个微服务模块会跟 Eureka 配置中心等进行交互。第三方框架，每个微服务模块会根据实际实现需求，通常还需要使用一些第三方组件，比如数据缓存（Redis）、权限管理（Shiro）等。Mysql 数据库，可以按照微服务模块进行管理，每个业务可以有自己独立的数据库。GitHub 代码管理，对整个系统的各业务模块开发的代码进行统一管理。

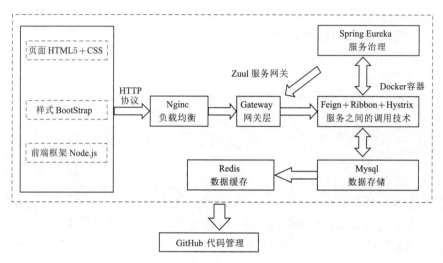

图 6 - 1　"微服务＋微应用"系统开发技术

6.1.2　基于工业互联网的跨平台系统集成方法

分布式光伏电站智慧运维大数据云平台系统基于工业互联网架构，构建分布式光伏电站运维产业环境下人、机、物全面互联，并且通过与电网公司、光伏电站、运维公司、上下游企业等多种类型第三方平台互联互通方法，可实现分布式光伏电站运维研发、设计、生产、销售、管理、服务等产业全要素的泛在互联。本章节主要介绍跨平台的系统集成方法。

1. WebService 交互方式

WebService 是一个平台独立、低耦合的、自包含、基于可编程的 Web 的应用程序。WebService 需要协议来实现分布式应用的创建，WebService 提供了一套标准的类型系统，可以用于沟通不同平台、编程语言和组件模型中的系统。WebService 集成技术适合中、小规模的数据处理业务。

2. 基于文件的交互方式

基于文件交换的数据接口方案，是和目标系统约定互相可以识别的中间数据格式为基础，以中间文件作为数据交换的媒介实现数据从到目标系统的迁移，从而实现原始数据的留档保存。基于中间文件的数据接口方式，提供了简单的数据沟通方式，能够方便地建立系统间的数据关系及历史数据的处理。在数据加载到目的系统的过程中，可采用手工导入方式，也可采用自动数据接口方式。这种方式适合多级系统之间、零散的交互，适合安全隔离级别高的业务系统间交互。

3. API 接口方式

基于 API 交互的交换技术是在数据源一端开发数据提取与发送程序（称为数据发送方程序），数据发送方程序先将数据从数据源系统提取出来，通过转换和清洗形成接口，然后由目的系统提供的 API 方法，将数据以参数形式传到调用的方法中，最后这些 API 方法将数据入库到目的系统中。

4. 中间库交互方式

中间库技术即技术上通过双方约定的中间数据库进行对接来实现。将不同系统中的内容按照接口规范放入中间数据库中，目的系统定期按照接口规范从数据库中读取数据。

6.1.3 云平台数据资源管理及调度技术

1. 大数据计算平台解决方案

云平台采用的大数据计算架构要充分考虑分布式光伏电站运维业务需求，在此基础之上，通过将当前主流的挖掘算法资源与大数据挖掘技术的软硬件资源进行整合，既可以实现与传统数据挖掘系统的数据交互，又可以提供对外统一算法模型的建模、分析、处理等服务能力，实现对建模过程的统一管理支持、对平台运行环境和状态的统一管理，充分满足对上层业务建模和数据分析应用的需求。

根据智慧运维需求，设计大数据计算平台架构如图 6-2 所示。

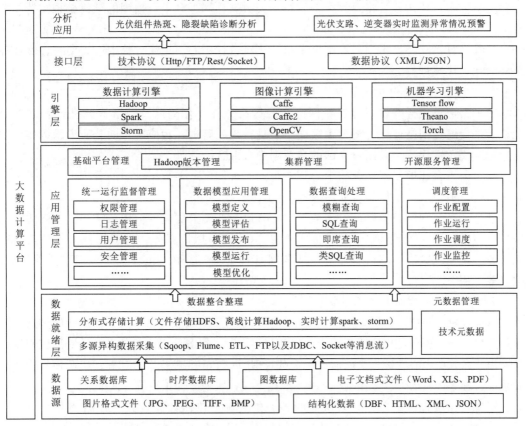

图 6-2 计算平台架构

数据准备就绪层，通常面临高并发、数据量大的采集考验，需要充分保证数据安全性、一致性以及兼容性，通过负载均衡技术来保证节点数据的均衡性，解决数据倾斜问题。通过数据采集子系统，对数据进行安全校验，保证数据安全性和一致性；并且对消息进行适配解析，支持多种服务协议，提高兼容性；同时，通过分布式架构来保证数据采集的及时性，提高采集并发能力，支持结构化、非结构化等多源异构数据的采集、存储等。

数据应用管理层，提供完善的数据建模流程，以及对模型作业的统一调度管理等，通过对基础平台统一管理实现与国网电商现有大数据应用开发平台架构的兼容和集成性。

模型引擎层提供主流的模型工具包，可直接进行调用。

大数据计算平台主要业务目标是实现各子课题的数据读取、算法运行环境以及数据模型发布至边缘计算中心的任务。具体流程依次由数据准备、模型创建、模型训练、模型发布、边缘计算组成。

数据准备：由数据管理平台提供统一的数据接口，支持各个课题数据的导入与导出。

模型创建：由于各个课题科研人员为专业人员，提供具有丰富人工智能框架的虚拟机（Linux 发行版本可由科研人员选择），供科研人员进行模型的创建。

模型训练：由大数据计算平台提供模型训练算力，提供 GPU 版本的 Tensorflow - gpu 等计算框架，帮助科研人员更快地求得数据算法模型的合理化参数。

模型发布：科研人员将最终模型发布到大数据计算平台上，模型的最终结果支持相关课题调用。

边缘计算：支持将模型最终结果发布至边缘数据中心、边缘计算中心，使得计算任务更好的在边缘层进行。

2. 多数据中心资源统一管理技术

云平台通过集群技术，能够对网络内的所有计算、存储以及网络资源进行管理并分配。云平台通过网络连接可将多个数据中心进行统一管理，相应客户的公有云服务亦可纳入管理。真正实现了企业用户内部的多数据中心混合云管理。

通过云平台能够实现多数据中心资源统一管理调度，多数据中心的管理由一个云平台和多个资源池组成，整体架构如图 6 - 3 所示。

基于云平台和资源池系统，多数据中心可以为各类上层业务应用系统提供不同的资源服务，包括：X86 物理机服务、虚拟机服务、GPU 虚拟机服务、虚拟机备份服务、云存储服务、统一 SAN/NAS 存储服务、业务网 IP/VLAN 服务、虚拟负载均衡服务、资源监控服务等服务。

云平台负责多数据中心各种服务的运营，以及对全网多数据中心计算的各类资源进行管理。云平台由门户应用、服务运营、资源管理、系统管理以及接口等组成。用户能够通过自服务门户 Portal 进行用户注册、用户注销、服务订购、服务变更、服务退订、资源使用等服务操作。多数据中心管理人员能够通过运营管理门户 Portal 进行用户管理、资源模板管理以及系统管理等运营操作。云平台与 4A 系统相连接，实现全网用户统一认证。

资源池系统提供多数据中心所需的各类的资源，包括计算资源、存储资源、网络资源。计算资源主要包括 X86 物理机、虚拟机、GPU 虚拟机，存储资源主要包括云存储、统一 SAN/NAS 存储，网络资源主要包括业务网 IP/VLAN、虚拟负载均衡等资源。资源

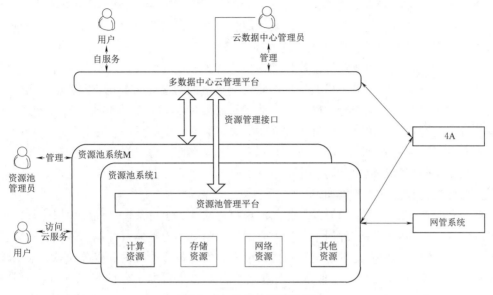

图 6-3　云平台管理架构

池除提供各类资源服务外，还提供数据备份服务和资源监控服务等服务。各类上层业务应用系统可以在资源池中申请各类资源和服务实现部署和运行。资源池系统与网管系统、4A 系统相连接。

　　云平台通过资源管理接口实现对资源池系统的资源管理，云平台通过该接口下发各种资源管理指令，资源池系统中的资源管理模块接收指令并进行相应的资源管理操作。同时，云平台中需要记录资源池系统的资源状况及资源告警信息。如果资源池系统资源状况发生变化，则资源池系统主动上报资源变动情况至云平台。

　　资源池系统由资源管理模块和其管理对象（各种资源相关系统或设备）以及连接上述设备的网络组成。

　　资源池系统对外提供各类 IT 资源，包括计算资源、网络资源、存储资源以及本地备份资源。计算资源由虚拟机系统、GPU 虚拟机、X86 物理机，包括虚拟机资源、X86/GPU 物理机资源；存储资源由云存储系统、统一 SAN/NAS 存储设备提供，其中云存储基于 X86 物理机实现，统一 SAN/NAS 存储基于磁盘阵列实现；网络资源包括业务网 IP/VLAN 资源、虚拟负载均衡资源等，由路由器/交换机、负载均衡器等设备提供；本地备份资源由备份服务器提供。计算资源、存储资源、网络资源、本地备份资源之间相互协作对外提供完整的资源使用环境。资源管理模块是资源池系统的核心，接收并执行云平台通过资源管理接口发送的资源管理指令，代理资源访问操作，对资源池系统内部的各类资源系统和各类设备进行监控和管理，并通过网管接口向网管系统提供资源池系统内各类设备的管理和监控信息。

　　资源管理模块通过各类设备管理接口实现对资源池系统中的各类设备的集成管理。资源管理模块通过虚拟机系统接口实现对虚拟机资源的管理，通过云存储系统接口实现对云存储资源的管理，资源管理模块通过各类设备管理接口直接对 X86 物理机、GPU 物理机、统一 SAN/NAS 存储、业务网 IP、VLAN、负载均衡、备份服务器等资源进行管理。

资源池管理员可以通过资源管理模块中的管理员门户对资源池系统进行运维管理。对于 X86 物理机、虚拟机的访问，用户通过资源管理模块中的计算资源访问功能实现；对于各类资源的监控，用户通过资源管理模块中的资源监控功能查看资源监控信息。

资源池可根据上层业务应用系统对不同安全等级的需求，将其的 IT 基础设施资源划分为不同的子集合，并在安全、网络等方面进行必要的物理或逻辑隔离，形成资源分区。资源分区仅针对计算资源，不同资源分区间资源可灵活调整。同一资源分区内安全等级一致，不同资源分区间的网络需经过防火墙互通。各类存储资源可被所有资源分区访问，同时支持数据访问控制和数据隔离，保证数据安全。

异构虚拟化软件支持架构如下：

云管理平台可以在两个中心部署相同的虚拟化软件，也可部署不同的虚拟化软件。云平台可实现一个平台统一管理两个数据中心的资源池，实现整体资源池一体化。云平台可将被管理的多个数据中心汇聚成统一的数据中心，实现数据中心内部资源动态调配，具有全局资源共享能力，如图 6-4 所示。云管理平台对多个数据中心的资源进行统一管理，包括：统一资源池管理（每个数据中心的不同类型的资源池），统一监控视图，统一资源配置管理，统一资源模板管理，统一资源申请、审批、开通管理，统一资源实例管理。

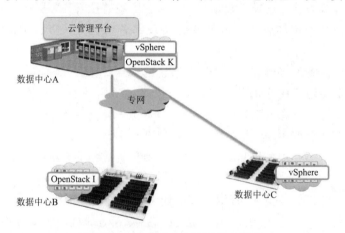

图 6-4 多数据中心资源统一管理

6.2 "云—端"协同分层、分类存储策略研究

针对大规模光伏设备种类多、数据量大的特点，研究"云—端"协同分层、分类存储策略，提高现场运维数据访问效率，减轻云端数据存储压力；针对就地和云端的按需数据访问要求，考虑电气数据、故障录波、电能质量、图像影音等数据特点，研究特征识别、分类压缩与处理技术，实现核心业务数据的"云—端"同步存储，从而满足移动终端、监控摄像头、移动单兵等多样化巡检设备的运维需求。

6.2.1 "云—端"协同总体架构

为了支撑上述"云—端"协同能力与内涵，需要相应的总体架构与关键技术。总体架构需要考虑下述因素：

（1）连接能力：有线连接与无线连接，实时连接与非实时连接，各种行业连接协议等。

（2）信息特征：持续性信息与间歇性信息，时效性信息与非时效性信息，结构性信息与非结构性信息等。

（3）资源约束性：不同位置、不同场景的边缘计算对资源约束性要求不同，带来"云—端"协同需求与能力的区别。

（4）资源、应用与业务的管理与编排：需要支撑通过"云—端"协同，实现资源、应用与业务的灵活调度、编排及可管理。

根据上述考量，"云—端"协同的总体架构应该包括下述模块与能力。

1. 端侧

（1）基础设施能力：需要包含计算、存储、网络、各类加速器（如 AI 加速器），以及虚拟化能力；同时考虑嵌入式功能对时延等方面的特殊要求，需要直接与硬件通信，而非通过虚拟化资源。

（2）边缘平台能力：需要包含数据协议模块、数据处理与分析模块，数据协议模块要求可扩展以支撑各类复杂的行业通信协议；数据处理与分析模块需要考虑时序数据库、数据预处理、流分析、函数计算、分布式人工智能及推理等方面能力。

（3）管理与安全能力：管理包括端节点设备自身运行的管理、基础设施资源管理、边缘应用、业务的生命周期管理，以及端节点南向所连接的终端管理等；安全需要考虑多层次安全，包括芯片级、操作系统级、平台级、应用级等。

（4）应用与服务能力：需要考虑两类场景，一类场景是具备部分特征的应用与服务部署在端侧，部分部署在云端，端协同云共同为客户提供一站式应用与服务，如实时控制类应用部署在端侧，非实时控制类应用部署在云侧；另一类场景是同一应用与服务，部分模块与能力部署在端侧，部分模块与能力部署在云侧，端协同云共同为客户提供某一整体的应用与服务。

2. 云端

（1）平台能力：包括端接入、数据处理与分析、边缘管理与业务编排。数据处理与分析需要考虑时序数据库、数据整形、筛选、大数据分析、流分析、函数、人工智能集中训练与推理等方面能力；边缘管理与业务编排需要考虑端节点设备、基础设施资源、南向终端、应用、业务等生命周期管理，以及各类增值应用、网络应用的业务编排。

（2）端开发测试云：在部分场景中，会涉及通过提供"云—端"协同的开发测试能力以促进生态系统发展的需求。

6.2.2 "云—端"协同分层、分类存储策略

云端协同架构示意图如图 6-5 所示。端节点主要负责现场/终端数据的采集，按照规则或数据模型对数据进行初步处理与分析，并将处理结果以及相关数据上传给云端；云端提供海量数据的存储、分析与价值挖掘。端与云的数据协同，支持数据在端与云之间可控有序流动，形成完整的数据流转路径，高效低成本对数据进行生命周期管理与价值挖掘。

端节点按照 AI 模型执行推理，实现分布式智能；云端开展 AI 的集中式模型训练，并将模型下发端节点。

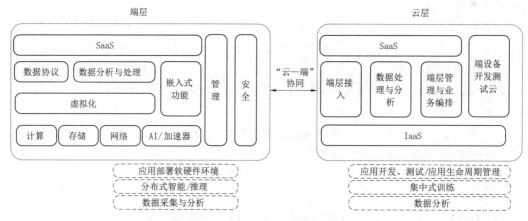

图 6-5　云端协同架构示意图

端节点提供应用部署与运行环境，并对本节点多个应用的生命周期进行管理调度；云端主要提供应用开发、测试环境，以及应用的生命周期管理能力。

1. 端侧数据分类

就地采集数据分为 3 类：实时采集数据、分析结果数据和分析记录数据。第一、二类数据根据采集周期实时上送，同时就地存储；第三类数据采用缓存、转发方式上送。

（1）实时采集数据。实时采集数据见表 6-1。

表 6-1　　　　　　　　　　　　　　实 时 采 集 数 据 列 表

序号	设备对象	采 集 数 据	采集周期	数据量/MB	就地数据存储策略
1	逆变器	总直流功率、支路直流功率、组串输入电压、组串输入电流、直流母线电压、交流侧频率、总有功功率、视在功率、无功功率、功率因素、故障告警记录、运行状态、箱体温度、输入对地绝缘阻抗等	可配置	量大	热数据存储，达到一定时间阈值后，归档为冷数据
2	组件管理器	组件电压、组件电流、接线盒温度、组件背板温度	可配置	量少	
3	环境监测仪	风速、风向、太阳辐照度、站内环境温度、站内相对湿度等	可配置	量少	
4	电能表	正向有功、反向有功、正向无功、反向无功、电流、电压、日发电量	可配置	量少	
5	故障录波电能质量一体化装置	相电压、线电压、相电流、瞬时总有功功率、各相有功功率、瞬时总无功功率、各相无功功率、瞬时总功率因数、各相功率因数、瞬时总视在功率、各相视在功率、频率、正序电压、负序电压、零序电压、电压不平衡度、正序电流、负序电流、零序电流、电流不平衡度、电压短闪、电压长闪、电压闪变打包、电压总谐波畸变率、电流总谐波畸变率、相电压 0～50 次谐波含量、相电流 0～50 次谐波含量、相电压 0～50 次谐波含有率、相电流 0～50 次谐波含有率等	可配置	量大	

（2）结果数据。结果数据见表6-2。

表6-2 结果数据列表

序号	设备对象	采集数据	采集周期	数据量/MB	就地数据存储策略
1	故障录波电能质量一体化装置	故障录波启动信号	触发式	量少	热数据存储，达到一定时间阈值后，归档为冷数据
2	异常报警装置	异常报警分析结果	触发式	量少	

（3）分析记录数据。分析记录数据见表6-3。

表6-3 分析记录数据列表

序号	设备对象	采集数据	采集周期	数据量/MB	就地数据存储策略
1	故障录波电能质量一体化装置	故障前后0.5s的录波数据	可配置	量大	不存储，转发
2	异常报警装置	异常前后0.5s的记录数据	可配置	量大	
3	光伏组件图像采集诊断一体化智能装置	组件图像诊断分析结果及图像数据	可配置	量大	缓存，转发

2. 云端数据分类

云端数据应包括以下数据类型：

（1）分布式光伏系统运行数据、并网点监测数据、环境监测站观测数据、场站基础信息、设备运行状态、预测功率等。

（2）综合统计分析数据，包括装机容量、发电量、利用小时数、限制电量、辐照度数据、发电偏差等。

（3）分布式光伏系统异常运行监测及告警数据，包括出力与发电计划偏差越限、电站出力剧烈波动等。

（4）频率运行指标数据：$(50+0.1)$Hz、$(50+0.2)$Hz的责任频率越限运行时间；电网最高、最低频率；机组一次调频投入情况等。

（5）电压运行指标数据：全网电压合格率及电压越限场站个数占所辖场站总数的比例；所辖场站每15min 1个点、全天96个点的电压及电压极值；当场站电压不合格时，统计该站机组功率因数和AVC投运情况等。

（6）分布式光伏系统设备异常监测及告警数据，包括火灾告警、组件异常等。

3. 分级存储策略

系统的不同数据应该以不同的精度进行度量，例如：

观察1min内的场站平均发电偏差，可能会错失某种较长时间的发电偏差峰值现象。

对于一台每年停机时间小于9h的光伏逆变器来说（年度可用率99.9%），每分钟检测1次或2次的监控频率可能过于频繁。

应该仔细设计度量指标的精确度。每秒收集场站发电偏差信息可能会产生一些有意思的数据，但是这种高频率收集、存储、分析可能成本很高。如果监控目标需要高精度数据，但是却不需要极低的延迟，可以通过一些分级存储策略降低成本。

例如：将当前场站发电偏差按秒记录；按5%粒度分组，将对应的场站发电偏差计数

＋1；将这些值每分钟汇总 1 次。

这种方式使用户可以观测到短暂的场站发电偏差热点，但是又不需要为此付出高额成本进行收集和存储高精度数据。

另外，那些不常用的数据收集、汇总以及警报配置应该定时删除（例如一个季度没有用到一次即将其删除）；收集到的信息，但没有在监视平台显示或者被任何业务使用的应该定时删除。

6.2.3 "云"层高速缓存体系结构

近年来，随着大量分布式光伏电站建成投产并接入光伏云平台，实时数据规模已达到数百万至千万级，给光伏云平台的安全稳定运行带来新的挑战，传统监控机制的不足日益突出，实时数据规模已达千万级，具体体现为：①硬件配置无法满足要求；②软件设计无法满足要求；③数据存储和分析压力大；④网络延时增大；⑤各场站分期接入影响增大；⑥系统维护风险和压力增大。

云平台采用基本测点作为实时数据库的基础数据结构，基本测点类型包括模拟量、开关量、SOE 事件量、电度量；按照实时数据库划分原则，若干基本测点组织在一起形成实时数据分区；相同类型的实时数据分区组织在一起形成对应数据类型的模型池。模型池设计支持数据结构的动态更新，为模型自动同步功能提供了基础。支持水平拆分、模型及实时数据同步、故障转移等分布式技术。可实现动态扩容，大大减少了运维的负担。

引入分区概念，根据需要对实时数据进行分区，每个分区拥有独立的实时数据结构，分区内服务器节点通过跨分区实时数据总线发布实时数据的配置与状态信息。人机接口节点根据需要订阅源自不同分区的实时数据，不同的接口节点如业务终端可以订阅不同分区的实时数据。这样的分布式数据架构，在实现用户层逻辑耦合的同时，使人机接口节点只在本地接收和存储与该节点功能相关的实时数据及定义，有效提高系统部署的灵活度和减轻节点运行负载。一旦分区的实时数据定义发生变化时，订阅相关实时数据的节点会自动获取版本信息，更新本地数据定义。因此实时数据库维护工作的影响范围局限在特定的数据节点上，减轻了维护工作可能产生的风险，提高了系统安全可靠性。

分布式数据动态加载管理机制具有以下特征：①跨分区订阅具有安全审核机制，确保接入节点的安全性；②分区数据结构版本信息的发布采用组播方式，确保版本发布的及时性；③分区数据结构的发布采用多进程，并且采用 TCP 方式，确保数据传输的可靠性；④分区内服务器节点采用主从冗余或集群方式，只有为主的服务器节点才能够对外发布数据，确保信息发布的权威性；⑤在接收其他分区数据结构时采用二次校验和错误重传机制，确保所接收数据结构的正确性；⑥在数据结构更新过程当中，测点信息会保持原有状态不变，确保系统运行的稳定性。

测点关键字采用描述设备层级关系的字符串表示，具体来说就是将实时数据分区号、厂站号、单元号、数据类型、测点排行号顺序排列在一起，如测点 6.1.1.1.31 代表实时数据分区 6 中 1 号厂站 1 号单元下数据类型 1 的第 31 点。测点关键字符串可以映射为 64 位的数字，再采用 Hash 方法建立数据索引，提升实时数据的访问效率。同时采用两种方法优化数据结构存储空间的扩展：①智能预估：根据系统当前的负载增长情况估计分布式系统后续信息的存储空间，如果预测需要动态扩展存储空间，则提前进行扩展；②优化更新：采用 MQ LRU（Least Recently Used，最近最少使用）算法。根据访问频率将数据划分为多个队列，不同的队列具有不同的访问优先级，其核心思想是优先缓存访问次数多的数据。

主服务器的实时数据库建立后，各测点类型的模型池中会存放不同实时数据分区的测点。客户端可以自由选择所需要的实时数据分区，不需要的分区信息可以不加载到本地实时库，通过该设计降低单个节点的实时数据负担，提高节点的运行效率。服务器会通过版本信息总线发布当前实时库分区的版本信息，客户端通过总线接收实时库分区的版本信息并与本地的版本进行比较，当发现某一个实时数据分区中的模型版本发生变化，客户端会自动向服务器发起请求自动获取最新的信息并更新本地实时库。

这里需要注意，如果客户端更新操作发生异常导致实时库信息错误，那么后续操作时可能导致不可预知的危害。因此为了避免上述情况的发生，必须在客户端更新操作时严格按照以下要求进行安全验证：

（1）完整性验证。为了避免网络通信异常导致数据传输不完整的情况，客户端接收模型信息时必须对接收到信息的完整性进行验证，具体流程如下：①客户端发起模型信息的获取请求；②服务端发送模型数据；③客户端缓存信息到临时文件；④客户端完成接收后，通过 CRC 校验验证文件完整性；⑤如果文件完整则触发更新操作；⑥如果文件不完整，则重新发起模型请求。

（2）更新成功验证。为了避免更新失败导致实时库异常的情况，对实时库更新失败的情况做回退操作。具体流程如下：①开始更新前闭锁实时库的一切访问操作；②镜像当前实时库状态；③按照缓存文件中的信息对实时库进行更新；④更新出现意外，使用镜像对实时库的信息进行回退；⑤恢复实时库的访问操作。这里需要闭锁重复执行更新异常的情况。如果服务器配置不当或服务程序异常，可能导致客户端实时数据库的重复更新与更新失败。由于更新操作会闭锁当前实时库的访问，因此重复更新失败会对应用功能造成影响。涉及实时库采用失败次数闭锁更新的策略，当客户端两次因为相同原因更新失败后，闭锁该版本的更新并在客户端提示报警。

为了提高海量数据环境下实时数据的同步效率，实时数据采用最小的划分粒度建立多条不同的实时数据总线进行同步，即实时数据多总线。实时数据总线采用组播方式实现，最大限度地利用交换机资源并降低数据交换的信息量。每条总线中只运行特定分区的实时数据，从而也降低了单条总线的数据量级，提高了数据交换效率。每条总线中建立全数据同步与变化数据同步机制，当客户端第一次接入实时数据总线时，对该客户端进行一次全数据同步，后续只有在实时数据发生变化时进行同步。通过全数据同步与变化数据同步相结合的方法，在保证监控系统内所有节点实时数据一致性的前提下，降低实时数据总线的数据压力，提高总线的数据同步效率。

6.2.4 负载均衡机制

1. 节点状态管理与任务管理

常规的负载均衡功能以节点状态管理为基础，在服务器集群中决策管理节点，然后再发布任务管理方案，由各服务器执行具体任务。在极端情况下，服务器故障导致负载均衡功能策略切换需要经历节点心跳报文超时、重新决策管理节点、管理节点发布新策略、计

算节点收到新的分配策略等过程。常规负载均衡策略下，策略切换的总时间为

$$T_{total} = T_1 + T_2 + T_3 \qquad\qquad (6-1)$$

式中 T_{total}——服务器故障到完成策略切换的总时间；

       T_1——节点状态心跳超时时间；

       T_2——重新决策管理节点的时间；

       T_3——管理节点发布新策略到计算节点收到新分配策略的时间。

为了降低负载均衡功能策略切换对于响应云端控制命令（如分布式智能规则下发）造成影响的可能性，负载均衡功能必须尽可能地减少策略切换的时间，简化功能结构，省略传统方案中的管理节点，将节点状态判断功能与任务管理功能的报文合二为一，具体设计如下：

（1）采用点对点通信方式建立节点状态心跳机制。

（2）预定义负载均衡方案编码，明确基础数据单元管理策略与方案编码的对应关系。

（3）节点状态心跳报文中增加本节点认可的负载均衡方案编码。

（4）在线负载均衡集群节点的方案编码一致后，才能进行方案切换，该过程称为方案确认，避免节点信息不一致时过早切换方案导致基础数据单元出现漏管或重复管理的可能性。

该方案下，服务器故障导致负载均衡功能策略切换只需要经历节点状态心跳报文超时的判断步骤。策略切换的总时间为

$$T_{total} = T_1 \qquad\qquad (6-2)$$

式中 T_{total}——服务器故障到完成策略切换的总时间；

       T_1——节点状态心跳超时时间。

理论上说 T_1 的时间是固定且无法减少的，因此采用该方案实现节点状态判断与任务管理功能，可以尽可能地减少策略切换时间，降低切换过程对响应云端控制命令造成影响的可能性。

在负载均衡状态下，节点状态分为离线、初始化、并行、备用 4 种状态。其中离线代表服务器故障或停机；初始化代表服务器正在启动；并行代表服务器已经完成启动，承担监控系统的业务功能；备用代表服务器已经完成启动，但未承担监控系统的业务功能。

2. 分配策略

根据分布式光伏系统的设备分布情况，按照就近管理、固定管理、减少切换的原则设计分配策略。

以 4 台负载均衡主机为例进行说明，分别部署在不同地域两个机房，正常情况下，A、B 两台服务器管理地域 1 相关的分布式光伏电站相关实时数据，C、D 两台服务器管理地域 2 相关的分布式光伏电站相关实时数据。当两个地域间光缆中断连接时，负载均衡策略不发生切换，整个监控系统分裂为两个中心继续运行。

当一台负载均衡服务器发生故障或强制离线后，其业务切换到本机房另外一台冗余服务器管理。此时若两个地域间光缆中断连接，负载均衡策略不发生切换，整个监控系统分裂为两个中心继续运行；若故障恢复 4 台服务器正常运行，被代理的业务功能恢复到原始服务器中管理；

当某一机房的两台冗余服务器均发生故障或强制离线后，两台冗余服务器业务切换到远方机房的服务器管理，远方服务器分摊需要接管的业务功能；若故障恢复4台服务器正常运行，被接管的业务功能恢复到原始服务器中管理。

3. 分布式实时数据管理

与电网业务不同，分布式光伏系统实时数据信息相对较少，服务器内存可以容纳电站运行所需的全部实时信息，不需要在集群节点上存储不同的实时数据分片，也不需要采用分布式数据定位与访问策略。分布式光伏系统采用实时数据总线的方式实现数据的发布与同步，如图6-6所示。根据负载均衡功能决策的实时数据管理策略，不同的集群服务器对归属自身管理的实时数据进行采集与处理，并将相应数据通过实时数据总线发布，所有的服务器从实时数据总线获取非本机管理的实时数据，实现数据在不同监控节点间的同步。由于每一个节点上都有完整的实时数据拷贝，画面展示、对外数据服务等业务功能可以通过本地实时库快速获取全站生产运行的最新数据。

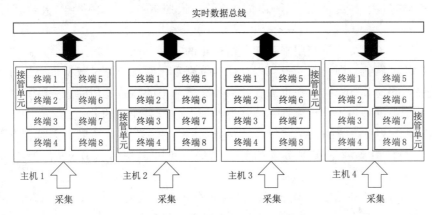

图6-6 分布式光伏系统实时数据管理系统

4. 分布式数据处理

分布式光伏系统数据处理与集中式训练功能充分考虑了不同地域机房的实际情况。以集中式训练功能为例，4台集群服务器同时运行情况下，地域1机房A服务器运行地域1相关电站集中式训练功能，负责地域1相关电站的分布式智能规则的提取；地域2机房C服务器运行地域2相关电站集中式训练功能，负责地域2相关电站的分布式智能规则的提取。若承担集中式训练功能的服务器发生故障，相应功能转移到本地机房的另外一台服务器管理。当不同地域间光缆中断时，负载均衡策略不发生切换，整个监控系统分裂为两个中心继续运行。当某一机房的两台冗余服务器均发生故障或强制离线后，相关设备的集中式训练功能转移到远方机房的服务器管理。

5. 无扰切换

虽然负载均衡策略切换过程已经尽可能缩短，但不能排除切换瞬间接收到云端控制令的可能。由于监控系统对于丢失控制信息是不可容忍的，必须在切换瞬间采取措施，确保真正的无扰切换。分布式光伏系统采用控制令转发与延时闭锁相结合的策略实现负载均衡功能的无扰切换，具体包含以下策略：

（1）节点间转发控制命令时，如果负载均衡分配策略尚未确认，即冗余服务器节点状态报文中的分配策略编码存在不一致情况，延时处理，避开切换瞬间。

（2）控制令下发到负载均衡节点后，如果发现该节点不具备相关实时数据的控制权限，将控制信息重新组织，转发给当前相应实时数据的管理节点。

（3）负载均衡节点接口程序接收控制令尚未下发至现地智能终端设备时，如果发生策略切换，控制权即将转移，必须保证当前控制信息传递到智能终端设备后进行切换操作，确保接口程序处理控制命令的原子性。

6.2.5 高速缓存和实体数据库的高效互联机制

"云"层采用大数据分布式存储系统，针对数据不断增长的挑战，构建 TB 级存储能力的大数据平台来满足应用需求。应对传统关系型数据库较难处理的数据和场景，例如针对非结构化数据的存储和计算等，充分利用 Hadoop 开源的优势，通过扩展和封装 Hadoop 来实现对业务大数据存储、分析、挖掘的支撑，接入多数据源的异构数据资源，构建可扩展存储容量、高持久性（多副本、备份、快照等）、高可用性的大数据服务基础平台。

HDFS 是分布式文件系统用来存储非结构化的文件。HDFS 采用冗余存储的方式来保证存储数据的可靠性，即为同一份数据存储多个副本，所有的海量数据采用分布式存储的方式存储在不同的节点，同时提供高吞吐率和高传输率的高并发访问服务。

HBase 子系统是一个高可靠性、高性能、面向列、可伸缩的分布式 NoSQL 数据库系统，包括对表、列族、索引的创建管理，对数据的创建、存储、更新、删除、查询和智能扫描，可在大规模集群中实现负载均衡。HBase 利用 Hadoop HDFS 作为其文件存储系统。

通过 Flume 结合 Kafka 实现高吞吐量的分布式发布订阅消息，使用 Storm 进行分布式流式计算。利用 Tungsten 实现跨平台、跨版本、异种数据库（包括 Oracle、MySQL、NoSQL 等）之间的增量实时复制，可以很好地解决大数据平台上数据的持续性问题。

"云"层采用多级应用级缓存。支持高速缓存算法包括移除最近被请求最少的对象（LRU）、替换访问次数最少的对象（LFU）、自我调节替换缓存（ARC）、移除最近最多被使用的对象（MRU）等。

1. 数据库读写技术

数据库读取是数据库服务的基本功能，一切应用都是以数据库读取为基础的。数据库读取功能的主要要求就是较高的读写效率。目前，数据库读写比较主流的方式：使用依靠 C 函数接口读写数据库、使用 JAVA 依靠 JDBC 读写数据库或以 JDBC 为基础的 JAVA 框架。

从跨平台的易移植、跨数据库的易移植方面来说，JAVA 都存在一定的优势，能够节约维护工作成本；从数据库读写的效率上来说，以同等条件下的 OCI 和 JDBC 的批量插入测试为例，OCI 相对 JDBC 快一些，但都在一个数量级，大多数情况可以满足用户的应用需求。考虑到实时监控系统的内存库和稳定性，可以为实时监控系统提供 C 的数据写入接口（只包含写数据）。

虽然 SQL 是标准的，但是各个厂家还是有些不同，因此倾向于选择在开发的过程中不涉及具体的 SQL 语句操作的解决方案，考虑到性能和各方面的综合因素，可以选择 Hibernate 与 JDBC 互为补充的方式。

JDBC 是一种用于执行 SQL 语句的 JAVA API，可以为多种关系数据库提供统一访问，它由一组用 JAVA 语言编写的类和接口组成。JDBC 为数据库开发人员提供了一个标准的 API，据此可以构建更高级的工具和接口，使数据库开发人员能够用纯 JAVA API 编写数据库应用程序，换言之，有了 JDBC API，程序员只需用 JDBC API 写一个程序就够了，它可向不同的数据库发送相应的 SQL 调用，JAVA 跨平台的优势也能得到体现。同时很多第三方数据库连接池也能方便的被使用。

Hibernate 是一个开放源代码的对象关系映射框架，它对 JDBC 进行了非常轻量级的对象封装，使得 JAVA 程序员可以随心所欲地使用对象编程思维来操纵数据库。Hibernate 可以应用在任何使用 JDBC 的场合，既可以在 JAVA 的客户端程序使用，也可以在 Servlet/JSP 的 Web 应用中使用，而且 Hibernate 可以在应用 EJB 的 J2EE 架构中取代 CMP，完成数据持久化的重任。

针对大批量数据写入时，特别是针对实时库对象批量数据写入时，可以考虑直接采用 JDBC 方式写入满足性能要求，其他的读取和常规写入请求均由 Hibernate 负责完成。由于针对各类其他服务的接口是固定的，内部实现机制通过策略驱动可以实现适配，数据库读写机制相对于其他层是透明的，性能调优等也可以在本层次完成。

2. 数据缓存技术

分布式光伏系统中必然会存在很多很少被修改的数据（如模型数据）、不会被并发访问的数据、参考数据（供应用参考的常量数据）、应用中大量的重复查询的数据等，它的实例数目有限，它的实例会被许多其他类的实例引用，实例极少或者从来不会被修改，为了提高访问效率，可以引入缓存机制。当查询数据的时候，会把相应的结果保存到内存中，以后同样的查询语句就可以不用直接查询数据库，而是从内存中命中，可以使取数效率得以大幅度提升。

Hibernate 中提供了两级缓存，其中：

（1）第一级别的缓存是 Session 级别的缓存，它是属于事务范围的缓存。这一级别的缓存由 Hibernate 管理的，一般情况下无需进行干预。

（2）第二级别的缓存是 SessionFactory 级别的缓存，它是属于进程范围或群集范围的缓存。这一级别的缓存可以进行配置和更改，并且可以动态加载和卸载。

（3）在此基础上，Hibernate 还为查询结果提供了一个查询缓存。选用 Hibernate 框架，缓存的处理也无需自行开发只通过配置实现。

3. 连接池技术

数据库连接池的基本思想就是为数据库连接建立一个"缓冲池"。预先在缓冲池中放入一定数量的连接，当需要建立数据库连接时，只需从"缓冲池"中取出一个，使用完毕之后再放回去。可以通过设定连接池最大连接数来防止系统无尽的与数据库连接。更为重要的是可以通过连接池的管理机制监视数据库的连接的数量、使用情况，为系统开发、测试及性能调整提供依据。连接池主要的优点有：减少连接创建时间、简化的编程模式、控制资源的使用。由于"云"层平台不可避免地会有各式的 Web 应用，高并发的数据库访问使数据库连接池显得不可或缺。

　　选用 Hibernate 和 JDBC 相结合的方式，很多成熟的第三方数据库连接池可以被使用，不需要另行开发。目前比较好的连接池是 C3P0，Proxool。C3P0 的算法不是最优的，而且占用资源大，但由于配置简单，可以作为首选的连接池，Proxool 连接池负面评价最少，性能也是最好的。但配置较为复杂，可以考虑在性能优化时使用。只需在 Hibernate 的配置文件中或 JDBC 配置中增加相应的配置选项和相应的连接池 jar 包，就能实现性能较优的数据库连接池。

第7章 分布式光伏电站运维技术与管理服务体系

分布式光伏发电战略地位的提高，为光伏产业的快速发展营造了难得的发展机遇。但是越来越多的分布式光伏电站面临运维难题，如设计缺陷、设备质量缺陷、施工不规范等问题都给分布式光伏电站的运维带来严峻的挑战。因此，要做好光伏电站运维管理，特别要重视建立完善的运维技术服务体系与运维管理服务体系，推进分布式光伏发电站更好发展。

7.1 智能运维技术服务体系

针对光伏电站技术服务展开了以下研究：首先介绍了分布式光伏发电智能运维的目标，描述了光伏智能运维技术服务体系架构，从光伏电源设计规划、数据采集及运行监控系统、运营分析、故障诊断和运行维护等方面描述了光伏智能运维技术服务体系的结构和功能。

7.1.1 基于云平台的分布式光伏发电智能运维的目标

随着大数据的到来，人工智能技术的飞速发展和广泛应用，已有企业在构建基于云分平台的分布式光伏电站的智能运维管理系统，其运维目标如下：

（1）实现光伏电站优化运行：通过监测光伏电站发电量，对电站进行在线分析和优化计算。提高经济运行、降低损耗。多元资料交叉分析，投资收益最大化；多粒度报表统计，全方位掌握发电情况；主动记录各类信息，提供追溯保障。

（2）实现故障快速处理：集中式运行维护快速定位故障区域，缩短维修时间、增加发电收益。视频与实时数据无缝集成，设备分层可视化，电站管控精细化；关键数据实时监控，电站运行情况一目了然；异常事件及时报警，有效防止故障蔓延。

（3）实现企业相关系统集成：采取规范的接口，实现与调度自动化系统（D5000）等系统的互联条件，提高企业信息集成化。

（4）实现用户互动：与用户建立起双向实时的通信，通知用户电站运行状况、故障停电等服务信息，全面提高优质服务水平。一页式呈现，手机滚动即可快速浏览经营、运营、巡检等不同角色需要的关键指标；通过客户端运维中心与站端紧密结合，电站故障快速消缺，设备管理一键完成。

（5）提供多方位、高效、准确运维管理：通过线上平台远程集中管理、故障远程诊断，然后通过线下专业技术人员的维护、检修，实现线上"集中监管＋远程诊断"、线下"现场检修＋按需服务"。为政府部门提供多方位、高效、准确的监管服务；为"运维企业"提供可追溯的闭环管理运维手段，降低运维成本，保障发电收益；为农户提供便捷的收益查询、质量监督平台。

7.1.2 智能运维技术服务体系架构

随着国内光伏电站的大规模建设，生产运营安全运维对光伏电站全寿命周期的重要性分析以光伏电站的安全运维为对象，通过对已运行的大型地面光伏电站实地考察，从智能监控与分析、周期性巡查、组件清洁等 3 方面展开分析，最后得到可靠的光伏电站运维方案。管理除了要满足国家电网要求的信息采集和实时监控外，还要围绕"保证发电量、减少运维成本"展开。为了达到目的，光伏电站运维管理系统需要推出场地适应性更强，融合现代数字信息、通信技术、大数据分析的新型智能监控与分析系统。

为了满足"提升运维效率、降低运维成本、保障电站发电量"的要求。根据实际需求，设计并实现户商型光伏信息化管理系统，对分布广泛的光伏电站进行集中腔控、管理和数据分析，并实时跟踪设备的运行状态，使项目管理人员、运维人员能随时随地了解分布式光伏电站的运行情况，实现高效运维、高效管理和综合数据分析。

7.1.3 光伏电源设计规划

电源规划一般不考虑网络线路和设备的变化情况，仅对分布式电源的接入位置和容量进行研究。光伏电源系统的规划使用年限一般为 20 年。分布式电源的电源优化规划，是指在满足配电系统负荷需求及网络潮流计算、电压质量、安全稳定运行等约束的基础上，利用优化算法对 DG 的类型、接入位置与接入容量最佳规划方案确定的过程。光伏电源的设计规划应考虑以下问题：

（1）选用新型的优化算法或改进已有算法，得到具有更优寻优性能、更少计算时间的优化方法，得到更出色的优化结果。

（2）选取并建立目标函数，以突出 DG 接入配电网后的收益、环境保护收益、网络性能改善收益等单方面影响或综合优势。

（3）建立切合实际的分布式电源出力与负荷需求模型，以使规划结果更契合实际。考虑需求侧响应规划光伏电源设计方案，结合智能算法建立光伏电源规划模型，合理布局电源接入位置、类型和容量，有效改善电网负荷曲线、提高高分布式电源的利用效率和减少电网投资费用等。

7.1.4 数据采集及运行监测

基于平台前端采集数据，实现分布式电源的运行监测，统计不同时段内分布式电源系统的运行状态、日负荷曲线、发电功率曲线等数据，为业主、运维厂商、设备厂商、EPC、电网公司等用户提供运行支撑，包括数据采集、设备运行监测、并网点运行监测、气象信息监测等服务。

由于光伏发电电站的设备多，且分布较为分散，监测传感器的设置不仅要实现对主要发电设备的实时监控，还需要考虑经济成本。因此在电站内已有的电力设备的基础上，设置必要的传感监测设备，与已有设备的通信端口进行对接，实现对光伏组件的监测，实时输出电压、电流、辐照度、温度、风速风向的采集以及数据的导出、报表的打印能功能，再用于数据分析。能将日发电量、收益、日照强度、环境湿度、电池板温度、风速等信息结合起来进行对比分析，为研究光伏发电效率与气象因素之间的关系提供数据支撑，从而提高分布式光伏电站的发电效率与经济效益。

在采集信号中应对突变信号和干扰信号进行分析、排除，保证输出准确定。光伏电站的实时数据涉及二十几项参数，数量大，应及时采集并保存数据。根据不同的输出端口项要求，提取对应的数据。数据的处理包含采集，识别，计算，满足查询，统计的要求。对必要的参数项进行计算后，输出体现电站运营指标的参数。

采集的信号最终转化为具体的指标参数，特别是能够直观的显示出运维人员所需要的指标。这些指标的变动曲线即能表现发电系统的运转状况。除了常规需要监测的指标外，在系统中引入计算分析模块，对采集的数据进行深加工，得出光伏系统综合运营指标。如直流侧发电效率，交流端发电效率，电站整体发电效率等。

监测系统结构如图7-1所示。

光伏发电系统的发电特点，除了需要对其自身系统进行监测外，还需要对其他诸如光照、温度、湿度等环境因素和电网负载波动情况等进行监测。

对分布式光伏电站运行信息进行数据采集与处理、分级实时信息展示、多时间尺度关键运行指标及产出指标分类统计与对标、电站地理位置显示、电站电气接线显示等。数据采集与处理包括就地设备层发电量、电流、电压、功率、频率等模拟信号及启停状态、开关位置、故障告警信号等遥信。分级实时信息展示包括不同地域扶贫光伏发电量、发电效率等显示。多

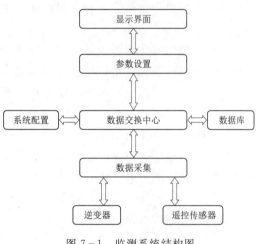

图7-1 监测系统结构图

时间尺度关键运行指标及产出指标分类统计与对标包括不同时间范围光伏发电功率、发电效率、发电量等指标查询及排名，对发电效率低于设定值的电站，给出告警，并推送至运维人员手机App，安排检修计划，与运维服务管理功能关联。电站地理位置地图显示基于电站经纬度信息，实现光伏电站地理分布可视化。电站电气位置显示基于光伏电站接入电网的线路信息、变压器信息、变电站信息，实现光伏电站电气接线可视化。

7.1.5 运营分析

监控的目的是能够及时的发现运营故障，即在监测的同时进行诊断。对故障进行警示，并且可以根据历史采集的数据，对可能出现的故障现象进行预警，提醒运维人员需要重点关注的隐患。

基于大数据云分析技术的运营分析对光伏电源设备健康状态的实时检测与综合评价、故障分析与自动识别、设备闭环管理、检修策略优化等提供决策支持。基于平台积累的基础数据，从建设、运行、维护、经营、综合等多个维度对分布式电源系统的建设、运行水平和维护、经营状况进行辅助分析，主要包括统计分析、评估与预测、评价与排名、行业对标等4方面内容。

（1）统计分析：为政府、业主、投资方、公众提供区域分布式电源建设运行情况、平均投资收益、节能减排情况统计分析功能，从不同维度对项目进行统计汇总及动态信息

发布。

（2）评估与预测：包括安装条件评估、发电预测、运行评估、运营评估和投资回报预测等内容。

（3）评价与排名：包括设备排名、设备评价、厂商排名和厂商评价。

（4）行业对标：基于平台积累的基础数据，从建设、运行、维护、经营、综合等多个维度设计统计指标，分析分布式电源系统的建设、运行水平和维护、经营状况。采用五分位、正态分布等经典对标方法进行对标，为业主、投资商、运维厂商、EPC、设备厂商、银行、政府、电网公司等各相关主体掌握分布式电源建设运行水平和维护经营效益提供数据支撑和运行指导，并可根据各主体需要定制对标结果推送服务。行业对标功能模块包括指标管理、对标数据管理、对标结果查询、对标分析功能模块。

7.1.6 故障诊断

（1）光伏电站故障推理决策模型。电站故障推理决策模型基于告警和异常处理专家系统而建立，可对光伏电站运行信息进行智能化管理，提取故障报警信息，辅助故障判断及处理，从而弥补变电站值班员技术业务水平参差不齐带来的巨大隐患，同时也减少了值班员的工作量。

光伏电站综合运维决策系统由故障推理决策、运维服务决策构成。其中故障推理决策是光伏电站综合运维决策系统的核心，也是运维服务决策输出结果的必要前提条件。故障推理决策输出可大致分为三类：①第一类，电站设备的定期巡检；②第二类，设备异常告警，进行设备维护；③第三类，设备故障，进行停机检修。故障推理决策输出的不同结果对运维服务的可执行度亦不相同，两者构成阶段性的正相关关系。影响运维决策的原因也可分为三类：①第一类电站故障推理结果；②第二类处理该结果所需维护成本；③第三类处理该结果可带来的收益。

根据故障发生的关键条件，结合系统的接线方式和运行方式、开关变位信息、开关刀闸状态、遥测量等信息，综合判断，得出故障的故障类型、相关信息、故障结论及处理方式，形成故障推理报告，反映光伏电站运行状态，提醒光伏电站值班人员及时维护，使得光伏电站收益最大化。

（2）主动故障诊断。同一个电站假如有两台以上逆变器，系统可对不同逆变器进行数据对比，找出故障逆变器；同一台逆变器不同组串也可进行数据对比，找出故障组串；对比数据以图像化呈现，直观而清晰。

光伏设备故障诊断功能根据收集到的分布式光伏运行信息进行智能分析，通过专家系统对光伏设备进行故障预警及诊断。

7.1.7 运行维护

光伏电站的运行维护是保障光伏电站长期健康发展，带来稳定收益的必要条件，智能化、信息化的发展将是电站未来进行运行维护的重要手段。光伏电站设备运行监视的模拟量、开关量信息由监控系统采集上送以后，大部分是按照时序显示事件，未作任何的分层或判断处理。当发生事故时，电站值班员很容易眼花缭乱、抓不住重点，影响事故的正确处理，并可能遗漏重要告警信号，延误处理造成事故。

光伏电站运维服务管理包括公共管理、生产管理、系统维护管理、运维服务评价管理等。公共管理包括运维机构信息管理、运维人员信息管理、电站文档资料管理等。生产管理包括备品备件管理、运行及维护管理、运维计划管理和工作日志管理等。系统维护管理包括用户权限管理、数据库备份等。运维服务评价管理考虑故障处理时长、电量跟踪、效率分析等指标,建立运维服务评价体系,形成运维流程的闭环。

配电终端系统的日常运维工作包括数据察看、参数设置、设备检修、设备巡检、故障排查、系统自检恢复和运行等。

通过数据采集,接收逆变器采集到的光伏电站的实时运行信息和传感器传递的信息,通过下行通信,对系统发出控制信号。将采集的信息进行可视化的处理,以便于操作人员可以快速地掌握系统的实时动态。

记录光伏电站在正常运行过程中的指标参数、设备运营状态、设定故障水平。能够通过提取的方式对历史事件进行调取,并依据历史数据的记录归纳的运行特点,对预期事件进行预测。

7.2 智能运维管理服务体系

自 2015 年我国累计光伏装机容量一跃成为全球第一之后,近年来我国的光伏行业的发展依然高歌猛进。据统计,我国 2021 年新增光伏发电并网装机容量约 5300 万 kW,连续 9 年稳居世界首位。截至 2021 年底,光伏发电并网装机容量达到 3.06 亿 kW,突破 3 亿 kW 大关,连续 7 年稳居全球首位。"十四五"首年,光伏发电建设实现新突破,呈现新特点。一是分布式光伏达到 1.075 亿 kW,突破 1 亿 kW,约占全部光伏发电并网装机容量的三分之一;二是新增光伏发电并网装机中,分布式光伏新增约 2900 万 kW,约占全部新增光伏发电装机的 55%,历史上首次突破 50%,光伏发电集中式与分布式并举的发展趋势明显;三是新增分布式光伏中,户用光伏继 2020 年首次超过 1000 万 kW 后,2021 年超过 2000 万 kW,达到约 2150 万 kW。户用光伏已经成为我国如期实现"碳达峰、碳中和"战略目标和落实乡村振兴战略的重要力量。相对于分布式电站建设的快速开拓,其电站运维管理现状并不乐观,甚至有些还停留在相对初级阶段。相对于分布式电站建设的快速开拓,其电站运维管理现状并不乐观,甚至有些还停留在相对初级阶段。相较于集中式电站,分布式电站的体量小、布局散、资金小、人员少等特点明显,这些也给后期的运维管理带来了不少屏障。在光伏电站 20～30 年的超长使用期基础之上,电站运维管理的混乱与缺失,已经成为了分布式光伏发展的一大痛点。而且光伏发电与天气因素的联系密切,光伏发电设备需要及时得到维护,否则设备的老化或者破损速度会加快,这就会严重影响光伏电站的效益。所以一套完善有效的运行维护管理机制对于光伏电站来说是极为重要的。

因此依靠智能化的管理运维手段,实现分布式光伏电站的精细化、高效化的运维是当前重要的工作。本节针对光伏电站智能运维管理体系部分主要展开了以下研究:首先从管理服务入手,介绍光伏智能运维管理服务体系架构,出台了光伏电源管理办法,并做到严格把控并网施工、规范并网调度验收和安全协议、防范孤岛运行、拓展技术监督,完善分布式光伏运维管理。

7.2.1　智能运维管理服务体系架构

随着国家对新能源开发项目重视度的不断提高，光伏发电行业得到了很快的发展，光伏电站的数量不断增多。但是随之而来的问题也越来越多，比如，在很多光伏电站中，负责运行维护的团队综合素质相对较低，不能够胜任日常的电站维护工作，电气设备得不到有效的维护，设备出现损坏的概率以及老化的速度都会提高。此外，有部分光伏电站在建设过程中，施工周期较短，光伏电站的设备安装调试工作质量比较差，这就大大提高了设备出现故障的风险，为以后的运维工作增加了难度。文件资料是光伏电站运行中所必不可少的信息技术基础，所以需要做好这一方面的管理工作，为光伏电站的运维管理提供便利。

1. 电源管理

光伏电站运行中，组件、汇流箱和逆变器是出现故障的高发区，而电缆、箱变、土建和升压站等方面出现故障的情况较少。组件问题，如组件松动、热斑失效、玻璃破裂、接线盒二极管失效等问题除了施工未紧固压块带来组件松动外，其余主要与自身质量有关。逆变器故障主要集中在模块过温，一般由排风系统不良、机柜温度过高、模块自身散热不及时造成的。直流电缆的故障一般指接地问题、绝缘皮破损、电缆头击穿、短路等。其他问题有电站基础下陷或者土地因雨水冲刷塌陷而造成支架倾斜，电站现场火灾报警系统、自动灭火系统等自动防火装置的丢失、损坏、失灵，警示标识破损丢失等。这些都是需要在巡检时及时发现并处理。

电气组件是电气设备中极为关键的部分，并且有些电器组件相对比较微小，技术人员在进行检查时需要仔细，及时找出需要更换的电器组件，查验组件的连接是否牢固等。同时还需要及时对组件进行清理和降温，确保电气组件的干净以及工作状态的良好。

光伏电站的发电质量与光伏电站的经济效益密切相关，所以光伏电站，运营管理的关键在于提高光伏电站的发电质量。通过采用有效的监控技术和系统，可以实现对整个电气设备的实时跟踪和监控，如果某个电气设备出现故障时，运维人员就可以，及时对汇流箱进行检查，尽快处理好故障，使电气设备恢复正常工作状态，确保电站各组组串在运行工作状态的高效。

逆变器作为光伏发电的重要组成部分，主要的作用是将光伏组件发出的直流电转变成交流电。目前，市面上常见的逆变器主要分为集中式逆变器与组串式逆变器，还有最新的集散式逆变器。

2. 人员管理

专业技术人员是光伏发电能否长期稳定运行的保障，首先需要根据自身电站和人员配备情况，制定合理的运维分工和科学的管理制度，如生产运行制度、安全管理制度、应急消防制度、设备运行规程等，其中生产运行制度所规定的日常巡检工作、定期巡检和特殊情况下巡检必不可少，及时掌握电站的运行状态，发现已经存在的或潜在的问题，确保光伏电站正常发电。安全管理贯穿运维的全过程，包括合理使用安全器具和熟悉安全操作规范等，以保障人身安全和设备安全。

随着市场规模的迅速扩大，电站配备的技术人员现场操作技能和故障判断分析经验有限，需要有经验的技术人员进行培训，使其了解和掌握光伏发电系统的基本工作原理和各设备的功能，提高技术人员的专业技能，并能够按要求进行电站的日常维护，具有判断一般故障的产生原因并解决的能力。

运行维修人员技术水平的高低直接影响到运维工作能否顺利进行，所以为了保证电站运行正常，必须从各方面提高维修人员工作水平。首先，在招聘时应该选择技术水平较高的、具有相关技术证明的维修工作者；其次，应当加强运维人员的专业能力培训，开展讲座，带领维修人员实地考察，积累实践经验；最后，维修工作者本身应该树立创新意识、终身学习的意识和终身学习意识，不断探索先进的维修方式，不断学习相关维修知识。充分了解光伏电站的各项数据，建立观察档案，详细记录光伏电站运营的具体情况，做到事无巨细，有备无患。

3. 设备管理

设备管理主要是对设备的信息进行配置，能够对光伏发电设施信息进行管理，能够设置设备的类型、名称、厂家、信号等基本信息。系统为了减少新装设备的配置工作量，通过设定设备模板、规则模板可有效减少新装设备的规则库设置、测点设置等工作。对设备的台账信息进行配置，能够对各电站设备的台账信息进行管理，并支持和生产管理系统进行同步台账信息。

光伏电站一旦建成，其发电量基本依赖天气，人力所能控制的除了避免电气设备故障外，主要方式是对组件表面进行清洗。光伏电站无论是渔光互补、农光互补还是屋顶电站，都会存在组件表面有污浊物的情况，主要体现在两方面：①细小均匀的粉尘颗粒附着在组件表面，影响了太阳光的透射率，从而影响组件表面接收到的太阳光辐射量；②树叶、鸟粪、泥土等局部遮挡组件表面时形成阴影，并在组件局部产生热斑效应，从而降低组件发电效率，甚至烧毁组件。因此运维电站时必然存在组件清洗的问题。为了保证光伏电站的发电效率，提高发电量，应根据电站的环境和气候条件制定合理的组件清洗方案。

清洗的条件建议为，光伏阵列输出低于上一次清洗结束时输出的 85% 时，一般是 1 个月。因为地面电站占地面积大，组件数量庞大，而每天适合清洗的时间不多，所以组件清洗要根据电站的具体情况划分区域进行。区域的划分应按照光伏电站的电气结构划分，确保每次的清洗覆盖若干个逆变器所连接的所有组件。光伏组件的清洗能够提升一定的发电量，对于大型电站有可观的经济效益。清洗的过程中一定要注意清洗方法。

4. 安全管理

随着光伏电站装机量的不断增加，优异的可建势资源被抢占，光伏电站开发的难度逐渐增大。处于光伏电站产业末端的生产运营管理的重要性逐渐体现。

安全运维是光伏电站在全寿命周期内高效安全运行的基础。为了保证电站的系统效率，提高电站的发电量，应该针对光伏电站的气候条件和周边环境制定合理的运维方案。通过安装智能监控与分析管理系统、周期性巡检来降低站内设备的故障率和安全隐患，通过组件清洁来保障组件的发电效率，使光伏电站的发电量和经济效益得到提高。

5. 运维作业管理

运维管理包括：工作票管理、操作票管理、报表管理和工单管理等内容。

工作票是依据工作计划、执行光伏设备的安装、检修、试验、消缺、维护等工作的作业文件。工作票管理是实现对光伏电站运行维护工作票的管理，包括班组、工作负责人等工作票信息。

操作票操作人员依据工作票内容或其他指令执行设备操作的作业文件。操作票管理是实现对光伏电站运行维护的操作票的管理，包括操作负责人、监督人、时间、操作事项等工作票信息。

报表管理是对生产中日常能使用的报表，系统能给出直接可使用的报表，如分别按地区、光伏电站、监测指标类型等，对被监测的光伏发电设备的各项指标数据进行状态统计汇总报表等。其结果以数据表格和图形两种方式展示。可对报表数据修改并保存；报表文件可转化为 excel、word、pdf 等文件格式，进行编辑和处理。常用的报表有：电站环境报表、电站运行报表、设备运行报表、电量报表、指标报表和自定义报表。

工单管理功能维护电站维修维护的工作记录，工单中定义维修对象、维修内容、材料备件、验收标准以及相应的危险因素，通过对工单的详细填写，明确施工的对象和内容，以及施工的操作步骤，并对检维修费用进行统计。包括计划工单、缺陷工单、预防性工单、工作报告（不产生费用的检修、维护记录）。

6. 检修维护

光伏电站的全寿命周期指光伏电站从可研到退役的全过程管理，包括可研阶段、设计阶段、建设阶段、生产运营阶段 4 个阶段。现在，光伏电站全寿命周期管理以生产运营为主导，围绕生产运营开展管理。明确光伏分布式电源管理应以规划设计为先导，优化接入设计方案，完善接入电网配套工程管理，实现源头安全；以并网验收为依托，严格入网管理，建立准入机制，把好入网关口；以安全检修为重点，防范孤岛运行模式，排查检修安全隐患，确保检修安全；以运行维护为基础，逐步完善监测系统功能建设，实时掌控设备运行状态，提升运维管理水平。

在这样的背景下，安全运维成为光伏电站的主旋律。电站的运维效率直接影响到光伏电站的全寿命周期，进而影响到光伏企业的经济效益和盈利水平。生产运维的效率必将成为支撑光伏企业安全、经济、长久发展的重要因素。

7.2.2　出台光伏电源管理办法

在现场调研基础上，针对性收集光伏电源存在的问题，从涉及电网安全的角度，在光伏电源的验收、投运、运维、检修、调控等各环节，制订相应的管理办法和技术要求。明确各部门职责，为规范管理提出了指导意见。以"全过程安全管控"为核心，开展分式光伏电源涉网安全运维管理工作，强化分布式光伏并网的规划设计、并网验收、安全检修、运行维护等各个环节的安全管理，实现分布式光伏并网运行安全。

7.2.3　严格把控并网施工

将与电网安全密切相关的开关设备和控制设备测试、电能质量测试、电网故障测试、交（直）流配电设备保护功能测试、触电保护、过电压保护和接地检查等内容列入并网验收内容，从严把好工程验收关，确保分布式光伏电源并网安全。根据配电网实际情况，提出了选用高效节能型变压器、T 接方式接入系统，采用带隔离功能断路器，低压并网点应具备开断故障电流能力的光伏并网专用断路器，满足反孤岛装置使用要求，接入箱应配置配电智能终端装置，线路金具按"节能型、绝缘型"原则选用等一系列探索性标准。

7.2.4 规范并网调度验收和安全协议

通过认真贯彻国家电网公司"四个服务"宗旨、《调度交易服务"十项措施"》《关于做好分布式电源并网服务工作的意见》，明确当前光伏并网工程验收应遵循《分布式电源接入配电网系统测试及验收规程》《国家电网公司关于印发机井通电工程典型设计和分布式光伏扶贫项目接网工程典型设计的通知》《光伏电站接入电网技术规定》。

7.2.5 防范孤岛运行确保人身安全

分布式光伏并网后存在的孤岛运行模式对检修人员安全会带来隐患，需要通过有效的管理，防范孤岛运行引起的检修安全。包括：管理层面解决光伏发电孤岛供电引起的检修安全隐患，安装反孤岛装置和强化巡视对运行情况进行监控与分析；包括通过用电采集系统获取和光伏发电特性分析。

7.2.6 拓展技术监督，提升监管水平

分布式光伏发电的出现为技术监督增加了新的涵义，加大技术监督的覆盖面，要依据《电力法》和国家有关规定，按照依法监督、分级管理、行业归口的原则，制定《分布式光伏电源并网技术监督管理规定》，维护电气设备的安全使用环境，保护发、供、用电各方的合法权益，规范分布式光伏的运行和检修等工作，以提升分布式光伏发电和配电网之间的协调水平。

7.3 智能运维作业全过程监督及评价技术

分布式光伏电站分散、分布范围广，且多在农村地区，较为偏远。遇到故障，还需要运维人员到现场进行逆变器的参数设置，这不仅浪费时间、增加人力成本、还损失不少发电量。分布式光伏智能运维作业全过程监督是电力系统生产活动的重要环节，如何提高光伏电站运维作业现场安全管控水平是电力生产过程中急需解决的难题。

7.3.1 智能运维作业全过程监管技术

分布式光伏电站智能运维作业全过程监督可以采用近电报警技术/超声波多目标精确定位技术、继电保护运维智能防误技术和作业移动智能终端等技术实现。

1. 近电报警技术及超声波多目标精确定位技术

光伏电站全过程监督可以采用近电报警技术、超声波多目标精确定位技术，该技术为作业人员提供现场多重安全防护管控措施，将有效降低人员安全事故发生几率，主要包括以下内容：

（1）针对目前工频电场计算的解析法存在求解困难、计算量大的问题，使用近电检测系统模型和重构算法。该方法只要求在监控区域内随机部署少量的电场场强监测点，经设计的贪婪重构算法得出场源参数和场强分布云图。将重构的场强云图与正常运行状态的场强云图进行比对，为作业人员近电告警安全保障提供了新的思路。贪婪重构算法计算量小，且重构精度优于 BP、CosAMP 算法。

（2）针对变电站室内环境噪声干扰复杂的问题，使用基于伪随机编码的超声波多目标精确定位方法。伪随机编码技术可以减小环境噪声的影响，同时还具有缓解多径干扰和区分多目标的能力。

（3）时间同步精度对基于时间差的定位算法的性能有很大影响，使用基于层次结构的无线传感器网络时间同步算法模型，在网络部署的初期，按照模型布置网关节点和汇聚节点，汇聚节点和传感节点采用不同的时间同步方法。

2. 继电保护运维智能防误技术

智能变电站继电保护运维操作需求及运维误操作的原因，使用一种继电保护运维智能防误方法。该方法以主动式综合防误技术为基础，融合一次设备和二次设备的运行状态，建立覆盖变电站所有设备控制操作的主动安全机制，强制闭锁未通过防误规则判断的任一控制操作。以硬压板误投补救技术为补充，建立实时监视硬压板状态变化的风险预判体系，采取补救措施有效切除引起风险的因素。以装置检修隔离安措防误技术为辅助，实现装置检修一键隔离，并充分保障安全性和可靠性。采用装置就地操作防误技术，建立装置就地操作与监控后台综合交互防误机制，实现装置就地与监控后台操作防误的一致性。该方法在现场的应用取得了良好的防误效果，对继电保护运维有积极的作用。

3. 光伏电站运维标准作业移动端平台

光伏电站运维标准作业移动端平台包括国网电力系统由五位一体文件平台及绩效管理平台构成的电力管理系统，该平台还包括移动客户端以及通过 APN 网络，使用 http 协议，GET 或者 POST 方式进行数据交互的移动端平台，移动端平台与移动客户端进行数据交互，移动客户端与电力管理系统进行数据交互。该平台可大大减少移动应用开发与移动终端、基础设施、信息系统等各层面集成的开支，通过统一变电运维标准作业移动端平台和统一安全防护体系，为各个专业的移动应用提供通用的解决方案和服务，实现组件统一化、业务专业化、建设集约化、管控精益化的目标。

7.3.2 智能运维作业监管评价技术

1. 光伏组件额定功率和组件效率

光伏组件的额定功率和组件效率是对光伏组件最重要的考核指标，这一指标必须在光伏发电系统建成后立即抽查，以评价开发商选用的光伏组件是否达到了投标时承诺的效率水平。抽查要求生产厂家提供至少 3 块同型号组件的出厂测试技术参数，以提高可信度和冗余度，并将抽查组件的技术参数备案，作为 1 年后测试和评价光伏组件衰降率时的参考基准。

为了保证参考基准组件参数的准确性，应当对基准组件进行现场测试，测试结果与出厂技术参数的差异不应超过 2%。若偏差大于 2%，则应查找原因，排除问题，务必使基准组件参数可信，从而才能保证 1 年后组件衰降率的测试结果可信。现场抽检可以在组件检测车中的标准条件（STC）下进行，依据标准为 GB/T 6495.1—1996《光伏器件 第 1 部分：光伏电流-电压特性的测量》；也可以在现场室外进行，依据标准为 IEC 61829—1995《晶体硅光伏方阵 I-V 特性现场测量》。

2. 光伏组件功率衰降率

功率衰降率是对于光伏组件的重要考核指标。

（1）在系统建成 1 年后进行项目评价时测试，应当找出系统建成时现场测试并有备案的基准组件进行复测，以得到准确的衰降率指标。

（2）判定标准：多晶硅组件 1 年内衰降率不高于 2.5%；单晶硅组件 1 年内衰降率不

高于 3.0%；薄膜组件 1 年内衰降率不高于 5.0%。

（3）光伏组件的功率衰降率为

$$光伏组件衰降率 = (P_{max\_0} - P_{max\_t}) \times 100\% / P_{max\_0} \qquad (7-1)$$

式中　P_{max_0}——投产运行初始功率；

　　　　P_{max_t}——运行一段时间后功率。

3. 逆变器的正常运行率

设备正常运行率 *Availability* 是国际通用的评价设备可靠性的指标。设备正常运行率代表了设备的可靠性和服务质量，适用于逆变器和太阳跟踪器等电子设备的评价，不适用于光伏组件。IECTS 63019《光伏发电系统正常运行率的信息模型》对设备正常运行率给出了定义，即

$$Availability = Uptime / (Uptime + Downtime) \times 100\% \qquad (7-2)$$

4. 太阳跟踪器的正常运行率

太阳跟踪器正常运行率的定义和计算公式与逆变器的正常运行率一致，差别在于太阳跟踪器有跟踪精度的要求。因此，对于太阳跟踪器的非正常工作时间除了故障停机以外，还应包括跟踪轴的跟踪偏差超过设计值的时间段；同时也要求数据采集系统能够准确判断这一故障现象，并准确记录故障时间。

5. 光伏发电系统能效比

能效比（Performance Ratio，PR）是国际通用的光伏发电系统质量评价指标，其代表了光伏发电系统评价时段内的可靠性和综合效率的高低但不代表项目的经济性，也不代表设计的先进性。

$$PR = (E_{ac} / P_0) / (H/G) \times 100\% = 光伏等效利用小时数 / 峰值日照时数 \times 100\%$$
$$= E_{ac} / (P_0 \cdot H/G) \times 100\% = 实际输出能量 / 理想输入能量 \times 100\% \qquad (7-3)$$

式中　E_{ac}——光伏发电系统的交流输出电量，kWh；

　　　　P_0——光伏方阵额定直流功率，即光伏组件功率的代数和，kW；

　　　　H——方阵面实际收集到的太阳辐射量，kWh/m²；

　　　　G——标准辐照度，kW/m²。

PR 评价指标排除了地区之间的太阳能资源差异和同一地点年度太阳能资源的差异，客观评价了光伏发电系统的质量。

PR 虽然普遍用于评价光伏发电系统的质量，但很多情况下 *PR* 值并不容易获取。在这些情况下，可以采用"功率比"代替 *PR*，也能够基本判定光伏发电系统质量好坏，而采用功率比最大的优点是在现场可以准确测量。

功率比的计算公式为

$$R = P_{corr-STC} / P_{rat-STC} \times 100\% \qquad (7-4)$$
$$P_{corr-STC} = P_{meas} (G_{meas} / G_{STC}) [1 + \delta (T_C - T_{STC})] \qquad (7-5)$$

式中　R——功率比，%；

　　$P_{rat-STC}$——光伏组件标准测试条件（STC）下标称功率之和，kW；

　　$P_{corr-STC}$——并网点修正到 STC 下的交流功率，kW；

　　P_{meas}——实测并网点功率，kW；

G_{meas}——实测方阵面上的辐照度，kW/m^2；

G_{STC}——标准测试条件辐照度，取 $1000kW/m^2$；

δ——组件相对功率温度系数，$\%/℃$；

T_C——实测温度，$℃$；

T_{STC}——标准测试条件温度，取 $25℃$。

6. 年等效利用小时数

年等效利用小时数是国内比较不同发电方式时的参照条件，如燃煤火电典型的年等效利用小时数为 5000h，风电的典型值是 2000h，光伏发电的典型值是 1500h 等；而国际上采用年千瓦发电量 Yield 作为比较不同发电方式时的参照条件。二者数值相同，意义相同，但单位不同，Yield 的单位是 kWh/kW，而年等效利用小时数的单位是 h。年等效利用小时数、年千瓦发电量对于不同地域的项目，代表了资源条件的好坏；对于同一地域的项目，则代表了资源利用率和设计方案的先进性，值越高越好，因为在同样的资源条件下，年千瓦发电量越高，说明对于资源的利用率也越高。提高年等效利用小时数的有效方法通常有提高 PR（减少遮挡、减少组件衰降、提高各个环节效率、减少积尘损失等）、增加光伏逆变器的容配比、采用太阳跟踪器等。

年等效利用小时数的计算公式为

$$Y = E_{AC}/P_{AC} \tag{7-6}$$

式中　Y——年等效利用小时数，h；

E_{AC}——并网点的年发电量，kWh；

P_{AC}——光伏电站额定交流功率，即逆变器额定功率之和。

7. 土地利用率

国际上常用土地占用率（Ground Cover Rate，GCR），而国内常用千瓦发电量占地作为土地利用率的指标。无论是 GCR 还是千瓦发电量占地，都是辅助性指标，在 PR 或等效利用小时数相同的条件下，占地越少越好。

$$GCR = 光伏组件总面积/光伏电站占地总面积 \tag{7-7}$$

$$LR = A/P_{AC}(10) \tag{7-8}$$

式中　LR——土地利用率，m^2/kW；

A——光伏电站总占地面积 m^2。

关于土地利用率，需要注意的是：

（1）计算土地利用率应该用额定交流功率计算，便于比较不同光伏逆变器容配比条件下的占地差异。

（2）土地利用率虽然仅是一个辅助性指标，但必须有，因为计算度电成本时还会用到。

8. 评价体系

评价体系考虑各地区开发市场环境和投资运营风险，由竞争力和风险两类评价指标组成，采取综合评价与约束性指标判定相结合的方式进行评价分级。评价结果分为绿色、橙色和红色3个等级，绿色表示市场环境较好，橙色表示市场环境一般，红色表示市场环境较差。

监测评价标准主要分为竞争力评价指标和风险性指标,竞争力评价指标包括土地条件、地方政府服务、电网企业服务、国家度电补贴强度、竞争性配置项目补贴平均降幅和地方政府补贴力度等 6 项指标。风险评价指标包括弃光程度、市场消纳风险和全额保障性收购政策落实程度等 3 项指标。其中,风险评价指标中弃光程度为 30 分,为整个评价体系中最高。

9. 基于机器学习的电站投建信用风险评估模型

(1) 层次支持向量机(SVM):是机器学习中著名的有监督学习算法,它的基本思想是建立一个最优决策超平面,使得正确划分训练集并且该平面与其两侧距离其最近的样本之间的距离最大化,从而对分类问题提供良好的泛化能力。它基于结构风险最小化原则,在解决小样本、非线性分类以及高维样本的分类问题中表现出许多特有的优势。对于多分类问题,支持向量机尚没有较好的结果,一般是采用二分类并进行组合,从而得到多分类结果。

(2) 决策树:是机器学习中最常见的有监督分类算法之一,它的基本思想是按照某个特征变量的取值将投建人分成两个子组,使得在同一组内投建人的违约概率尽量一致,而不同组之间投建人的违约概率差距尽量地大。决策树的本质就是从上到下的分支与递归过程,对于数据量较大的情况可以得到较高的预测精度。决策树使用信息增益或者信息增益率作为选择分裂属性的依据,其中信息增益又可以基于信息熵或者基尼指数。决策树节点停止分裂的一般性条件包括最小节点数、熵或者基尼指数小于阈值、决策树的深度达到指定的条件和所有特征已经使用完毕。可采用 CART 决策树算法,即依据基尼指数选择最优特征,节点停止分裂的条件为基尼指数小于阈值 ε。

(3) 随机森林算法:是一个包含多个决策树的集成学习分类器,它的基本思想是利用随机的方式将许多决策树组合成一个森林,每个决策树在分类的时候投票决定测试样本的最终类别。随机森林主要包括 4 个部分:随机选择样本、随机选择特征、构建决策树、随机森林投票分类。随机选择样本是指给定一个训练样本集,数量为 n,使用有放回采样方法取个样本,构成一个新的训练集。随机选择特征是指不计算所有特征的增益,而是从总量为 M 的特征向量中,随机选择 m 个特征,其中通常 $m = \sqrt{M}$,然后计算 m 个特征的信息增益率,选择最优特征。构建决策树即为基于随机产生的样本集和随机选择的特征,使用随机森林算法中决策树的构建方法,得到一棵分类决策树。重复这样的过程 H 次,就得到了 H 棵决策树。对于一个测试样本,用每一棵决策树对它分类一遍,得到了 H 个分类结果。其最终的分类结果由所有决策树输出的类别的多数决定。

随机森林算法虽然仅仅是多个决策树的集成决策,效果通常比单个决策树的分类结果好。随机森林算法的优势:适合做多分类问题,训练和预测速度快,表现良好;能够处理很高维度的数据,并且不用做特征选择;由于随机选择样本,导致每次学习决策树使用不同的训练集,在一定程度上避免过拟合;实现简单并且容易实现并行化;能够在训练过程中检测到特征之间的相互影响以及特征的重要性程度。

7.3.3 智能运维管理的评价方法

综合评价的方法一般是主客观结合的,方法的选择需基于实际指标数据情况选定,最为关键的是指标的选取,以及指标权重的设置,这些需要基于广泛的调研和扎实的业务知识，不能说单纯地从数学上解决的。综合评价就是指对评价对象所进行的客观、公正、合理的全面评价，是基于系统分析的思想，运用各种数学模型对各种日益复杂的经济、技术和社会问题进行描述、分析和评价的技术。经过多年的生产实践和理论研究，综合评价技术从对确定性问题的分析发展到对不确定性问题的分析，从对单个事物、现象或因素的研究发展到对多个事物、现象和因素的系统研究。

进行光伏电站的运维体系评价具有以下意义：

（1）运维公司可以通过评价来证实运维能力。

（2）为运维单位改进运维质量提供依据。

（3）为开发商选择运维单位提供依据。

（4）为保险承保、金融机构贷款提供参考依据。

1. 智能运维管理的评价指标

光伏发电系统评价指标见表 7-1 和表 7-2。

表 7-1 光 伏 系 统 评 价 指 标

编号	测试项目	合格判定标准	说 明
1	光伏发电系统 PR	≥75%合格，≥80%优秀	必测项目
2	抽样逆变单元 PR	≥77%合格，≥82%优秀	必测项目
3	光伏发电系统功率比/%	≥82%合格，≥88%优秀	必测项目
4	抽样逆变单元功率比/%	≥85%合格，≥90%优秀	必测项目
5	年等效利用小时数/h	Ⅰ类地区：≥1500 Ⅱ类地区：≥1200 Ⅲ类地区：≥1000	越高越好
6	逆变器的正常运行率	≥95%	越高越好
7	太阳跟踪器正常运行率	≥95%	越高越好
8	光伏发电系统千瓦发电占地面积/m²	交流并网额定功率/光伏发电系统占地总面积	越少越好
9	度电成本 LCOE	寿命期成本/寿命期发电量	越低越好
10	系统（交流）效率	≥15%	组件初始效率×PR

光伏发电系统量化评价指标见表 7-2。

表 7-2 光伏发电系统量化评价指标

分类	测试项目	评价目的的指向	测试时间节点
现场部件测试项目	光伏组件效率	技术水平	项目建成
	组件功率衰降率	光伏组件的可靠性和质量	1年后
	现场逆变器中国效率	技术水平和维护水平	1年后
	逆变器正常运行率	逆变器可靠性	1年后
	太阳跟踪器正常运行率	太阳跟踪器可靠性	1年后

续表

分类	测试项目	评价目的的指向	测试时间节点
现场系统测试项目	系统 PR	系统的可靠性和效率水平	1 年后
	系统功率比	系统的可靠性和效率水平	1 年后
	年等效利用小时数	资源条件/资源利用率/系统设计先进行	1 年后
	土地利用率	土地利用率	随时
	度电成本 LCOE	项目的经济性	1 年后
	系统（交流）效率	总体能量效率	1 年后
系统现场完整测试项目		电气指标、安全指标和并网特性	1 年后

指标权重设置方法包括：主观赋权法和客观赋权法。

（1）主观赋权法

1）专家评判法（Delphi 法）。选择若干专家对各项指标独立进行评判，通过综合各位专家对各指标给出的权数值进行赋权。

2）层次分析法（AHP），将目标分解为多个目标或准则，进而分解为多指标（或准则、约束）的若干层次，通过定性指标模糊量化方法将主观判断转化为数值计算，算出层次单排序（权数）和总排序，实现对多指标、多方案的优化决策。

（2）客观赋权法。基本思想是利用各指标间的相互关系或提供的信息量来确定，实际通过对原始数据经过数学处理获取权重，原始数据所包含的信息包括两种，一种是指标变异程度上的信息差异，一般通过指标的标准差或变异系数来反映；另一种是指标间的相互影响程度，这种信息一般隐含在指标见相关关系矩阵中。可以基于该两点进行以下赋权方法：

1）变异系数法。根据各个指标在所有被评价对象上观测值的变异程度大小来对其赋权，首先构建各项指标在所有评价对象上的原始数据矩阵，计算各指标的标准差，反映各指标的绝对变异程度；再计算各指标的变异系数，反映各指标的相对变异程度；然后再进行归一化化处理，得到各个指标的权重。

2）相关系数法。相关系数法是根据指标间的相关程度，来确定各个指标重要性程度的方法。一般来说某一个评价指标与指标体系中的其他指标信息重复越多，说明该指标的变动越能被其他指标的变动所解释，则该指标的变动越能够被其他指标的变动所解释，所以赋给其的权重越小。

3）熵值法。熵值法本质上和变异系数法相类似，通过指标的离散程度来划分权重，某项评价指标的变异程度越大，熵值越小，该指标包含和传输的信息越多，在综合评价中的权重越大。

4）坎蒂雷赋权法。坎蒂雷赋权法假设指标与的指标间的线性加权的综合指数之间的相关系数是成比例的，将与综合指数高度相关的指标赋予较高的权重，反之赋予较小的权重。基于该假设，指标的权重为矩阵 RS 的最大特征根所对应的特征向量 W，对 W 进行归一化处理，作为各个指标的权重，R 为 p 个指标的相关系数矩阵，S 为指标标准差所组成的对角矩阵。

主客观赋权方法的选择各有优劣，采用客观赋权法的结论有时候会与经验相悖，最好还是主客观结合比较合理。

2. 分布式光伏智能运维管理的综合评估方法

我国在电力发展综合评价领域的研究起步相对较晚，对电能评价指标体系的研究多是从电网所覆盖的发电、输配电、用电等各个环节提炼出来的，主要表征电网的相关特性。20 世纪 80—90 年代，是现代科学评价在我国向纵深发展的年代，人们对评价理论、方法和应用开展了多方面、卓有成效的研究，评价科学在多个研究领域深入展开。随着计算机技术的发展，人工智能的理论和技术不断充实着评价理论与方法的研究，未来人机结合的评价理论和技术有着广阔的发展空间。贺静等初步构建了智能电网综合评估指标体系，主要包括发展水平指标体系和效果/影响指标体系。其中，发展水平指标体系用于描述发电、输电、变电、配电、用电和调度 6 个环节的关键技术的发展程度，而效果/影响指标体系则反映智能电网建设给发电公司、电网公司、电力用户和整个社会可能带来的效益与影响。最后，提出了基于模糊层次分析法的智能电网综合评估方法流程。韩柳等从电网发展特性及价值取向出发，将电网发展评估划分为安全、可靠、优质、协调、经济、高效、智能共 7 个子系统，分别建立了 3 级指标。以某省域电网为例，应用指标体系对其"十一五"期间的电网发展进行评价。该指标体系具有系统、全面、客观的特点，对推进电网科学发展，提高电网管理水平具有重要意义。王斌琪等以在线实时运行评估为着眼点，以状态指标体系为基础，提出了包含初步评估和精确计算两步骤的电网运行趋势实时安全评估方法。其中，初估是结合模糊理论，利用负荷重要度所得到的区域重要度指标，判断发生冲击事件后系统的运行趋势，快速确定问题区域；精算是利用所提出的状态指标体系，确定并计算具体的危险指标。既满足实时评估的快速性要求，又兼顾确定性状态指标体系的全面性。

综合评价就是指对评价对象所进行的客观、公正、合理的全面评价。影响评价事务的因素往往是众多而繁杂的，如果仅从单一指标上对评价事物进行评价显得不尽合理，因此往往需要将反映被评价事物的多项指标信息进行汇总，得到一个综合指标，以此来综合反映被评价事物的整体情况，这就是多指标综合评价。多指标综合评价方法是对多指标进行综合的一系列有效方法的总称。综合评价技术是基于系统分析的思想，运用各种数学模型对各种日益复杂的经济、技术和社会问题进行描述、分析和评价的技术。经过多年的生产实践和理论研究，综合评价技术从对确定性问题的分析发展到对不确定性问题的分析，从对单个事物、现象或因素的研究发展到对多个事物、现象和因素的系统研究。

系统综合评价的目的在于采用合适的评价方法对备选方案进行分析和对比，为决策人员提供参考意见。系统评价以社会经济系统的问题为主要研究对象，借助科学方法和手段，对系统的目标、结构、环境、输入输出、功能、效益等要素，构建指标体系，建立评价模型，经过计算和分析，对系统的经济性、社会性、可持续性等方面进行综合评价，为决策提供科学依据。

目前，综合评价的方法很多，应用中常被使用的有：定性评价方法、多指标和多目标评价方法、主成分分析法、层次分析法、数据包络分析法、模糊综合评价法等。

第8章 分布式光伏电站运维商业模式

光伏发电利用光伏电池将太阳能转化成电能，这种零排放的发电方式有效地保护了环境，也大大地节约了传统资源，还可以给投资企业带来可观的投资收益，具有广阔的应用前景和巨大的商业开发空间。从分布式光伏发电的自身优势来看，除了屋顶光伏以外，还有更多灵活多样的应用形式，受限比较少，此外分布式光伏的政策补贴、灵活用电等经济优势更为其商业开发提供了巨大的潜力。本章通过研究分布式光伏运维的资源整合方法，设计符合当前发展形势的分布式光伏商业模式。

8.1 分布式光伏全产业链运维资源整合方法

8.1.1 分布式光伏平台经济模式下的合作机制

随着分布式光伏产业的发展、新技术和相关配套产业资源的介入，产业链上的成员越来越丰富，各利益相关参与方之间的关系也日趋复杂，简单的商业模式难以协调好各成员之间的关系，也面临成本和效率上的难题。由于各电站业主分布较为分散，如果直接由运维商派出工作人员进行大面积巡查检修，会造成服务效率低下和运维响应缓慢等问题，既付出了较高的人力、物力、时间成本，也无法实现高效的服务。无论是来自于消费端的需求推动，还是来自于市场和商业环境推动，都要求分布式光伏的这种运维商业模式做出变动，以适应产业发展的需要。

对商业模式的研究一直以来都是学术界探讨的热点。而分布式光伏电站运维的商业模式研究是在发展新能源经济与能源体制改革大环境下的创新性尝试，是随着产业发展需求与市场需求相协调创造出来的新模式。在当下分布式光伏发展运维服务存在诸多问题的情境下，商业模式创新已成为破局的关键。近年来，构建互联网平台和共享经济的商业模式已经成为企业管理者和学者们研究的热点。通过构建自己的平台，突破了原有的产业链结构，颠覆了传统的商业逻辑，给整个行业带来变革式的影响力。运用互联网平台的形式，将分布式光伏电站运维产业链的各主要参与方：分布式电源投资商、运维商、电站业主、运维个人参与者等有效连接起来的共享服务智慧运维云平台，可以实现运维资源的整合与协调共享，降低运维成本和提高服务效率，是"互联网＋共享经济"下与产业实际相结合的新型商业模式。平台以分布式电源投资商为核心，以电站业主需求为中心，为业主提供全套的售后运维服务。同时，联合分布式光伏电站运维服务商、国家电力等角色构建出完善的平台生态圈，确保各方利益的有效获取。

对于投资分布式光伏电站的业主来说，在后期运营维护阶段，提高系统的发电效率以及及时处理发电过程中出现的种种问题是一个不小的难题，这其中会涉及很多专业性质的知识，因此全部将此模块外包给专业的分布式光伏运营维护服务提供商是一个很好的选择。业主只需要支付一定的服务费用，运维商就可以帮助消费者进行设备的日常维护、发电状态的实时监控，以及信息反馈等业务。传统的分布式光伏产业链是单向、直线的结构，电站业主们只能接触到产业链的最下游，而将分布式光伏产业植入平台后，通过平台打破原先产业链单向直线的结构，实现消费者与多个群体的直接对接。

构建的共享服务智慧运维云平台两侧分别连接分布式光伏电站业主与运维人员，投资商提供设备支持和管理用户交易，运维商起到监督和按订单向运维人员结算运维费用的作用。具体操作流程为：当光伏电站业主发现设备出现问题后，在平台上下达订单报告故障，加入平台的运维人员通过平台提供的订单数据，包括故障情况和地理位置等信息进行接单，距离报修点近且预计能解决问题的运维人员执行接单操作，并前往故障报修点开展维修任务。当该订单维修结束，维修人员在平台上确认订单完成，运维商向完成服务的运维人员直接支付款项，完成一次交易过程。

共享服务智慧运维云平台是消费者与运营服务商信息共享的桥梁，起到了连接各产业链群体的作用。运维平台除了提供电站的维修订单匹配活动外，还可以提供诸如电价查询，安全知识等其他信息服务。接入平台的电站业主可以快速地寻找到自己需要的相关信息，降低搜索成本；同时更便捷地获得需要的产品和服务，降低交易成本。得益于此，共享服务智慧运维云平台能够更好地满足消费者的运维服务，促使更多的业主加入平台，加入分布式光伏电站建设。此外，运维平台的成功建立后，也可以开发其他子平台项目，如分布式光伏电站综合制造与服务平台，随着消费者数量的增多，平台实现成长扩张，并带动分布式光伏产业的发展，制造平台与服务平台能通过经营平台带给消费者更优质、成本更低的产品和服务，吸引更多的消费者投资分布式光伏项目，达到良性循环的生态产业链。

8.1.2 分布式光伏智慧运维云平台运作机理与定价模式研究

运维平台两端主要为两个群体提供服务，一个群体是分布式光伏电站的业主群体，当业主们发现电站出现故障或寻求其他升级服务时，通过平台下达订单，描述需求并发送定位；另一个群体是电站维修服务人员，他们一方面可以自行搜索到平台订单，查看订单详情，一方面平台可以智能推送给运维人员距离较近的订单，或是满足该用户自行设定的筛选条件。他们可以选择接受订单并前往需求地点提供维修服务，当服务完成并在平台系统确认后，平台会向运维人员直接支付单笔订单费用。这种平台服务两方用户，并且服务质量和用户满意程度与加入平台人数相关，符合双边市场的特征，因此可以采用双边市场的理论构建博弈模型，研究平台的定价决策。

关于平台收费定价模式，下面讨论两种定价结构：①平台向电站业主统一收取一定的会员费，在完成单次订单后，平台向运维人员支付单次运维费用；②平台不向用户收取会员费，完成订单后，用户向平台支付交易费，平台向运维人员支付服务费用。

用 c 表示电站业主，m 表示运维人员，构建平台利润函数 π 和用户效用函数 u_c、u_m。设平台向电站业主收取的会员费为 p_c，单次服务订单完成后平台向用户收取的交易费为 r_c，向运维人员支付的服务费用为 r_m。加入平台两侧的用户和运维人员数量分别为 n_s、n_m。

设电站业主，也就是消费者侧的用户是异质的，其对维修服务的满意系数满足 $[0, 1]$ 的均匀分布，这一系数设为 μ。运维人员的服务水平设为 s，每个电站业主在成为会员期间平均下单量设为 N。因此电站业主的收益为 N 笔订单的效用减去交易费用，最后再减去支付给平台的会员费。则电站业主的效用函数表达式为

$$u_c = N(\mu s - r_c) - p_c \tag{8-1}$$

因为运维服务人员的人数会影响服务响应的及时程度，所以设服务水平 $s = \alpha n_m$。

对于运维人员，同样设为异质的，他们对每笔订单的所花费的成本服从 $[0, 1]$ 的均匀分布。每次维修的成本包括时间成本、交通成本以及付出的一些运维器材的花销等，设为 c。对每一位加入平台的运维人员，他们所能获得的平均接单量为 $\dfrac{n_c N}{n_m}$。因此运维人员的收益为平台接单量乘从平台获得的补贴减去成本，最后减去平台的会员费。则电站维修人员的效用函数表达式为

$$u_m = \frac{n_c N}{n_m}(r_m - c) \tag{8-2}$$

而智慧运维云平台的收入为双边用户交付的会员费加上单笔订单向业主收取的交易费，支出为对运维人员的交易补贴。平台的利润函数表达如下

$$\pi = n_c N(r_c - r_m) + n_c p_c \tag{8-3}$$

两种定价模式：第一种定价模式只收取会员费，则 $r_c = 0$；第二种只收取交易费，则 $p_c = 0$。可以通过逆向求解的方法，先求解平台人数，再计算平台的最优定价和最优利润。通过这两种定价模式可计算出最优解。

当用户的效用函数大于零时选择加入平台，先计算令 $u_c = 0$ 的 μ^* 和令 $u_m = 0$ 的 c^*。其中双边人数满足 $n_c = 1 - \mu^*$，$n_m = c^*$，有 $u_c = N(\mu^* \alpha c^* - r_c) - p_c = 0$；$u_m = \dfrac{(1 - \mu^*)N}{c^*}(r_m - c^*) = 0$。解得 $c^* = r_m$，$\mu^* = \dfrac{p_c + Nr_c}{\alpha r_m}$，由于 $c^* \in [0, 1]$，$\mu^* \in [0, 1]$，所以 $r_m \in [0, 1]$，$p_c \leqslant \alpha r_m - Nr_c$。可以得到加入平台的双边人数分别为

$$n_c = 1 - \mu^* = 1 - \frac{p_c + Nr_c}{\alpha r_m}, n_m = c^* = r_m \tag{8-4}$$

将式（8-4）代入平台利润函数（8-3），得

$$\pi = (1 - \frac{p_c + Nr_c}{\alpha r_m})[N(r_c - r_m) + p_c] \tag{8-5}$$

（1）第一种定价模式下 $r_c = 0$，设上标为 M，平台最优利润函数为

$$\pi^M = \max_{r_m, p_c}(1 - \frac{p_c}{\alpha r_m})[N(-r_m) + p_c] \tag{8-6}$$

解得 $r_m^M = 1$，$p_c^M = \dfrac{\alpha + N}{2}$，$\pi^M = \dfrac{(\alpha - N)^2}{4\alpha}$（$\alpha > N$）。

（2）在第二种定价模式下 $p_c = 0$，设上标为 T，平台最优利润函数为

$$\pi^T = \max_{r_m, r_c}(1 - \frac{Nr_c}{\alpha r_m})N(r_c - r_m) \tag{8-7}$$

解得 $r_m^T = 1$，$r_c^T = \dfrac{\alpha + N}{2N}$，$\pi^T = \dfrac{(\alpha - N)^2}{4\alpha}$ $(\alpha > N)$。与式（8-6）最优解比较，可以得出两种定价模式的平台利润是相同的，对运维人员的最优补贴也同样相同，而向用户收取的最优会员费除以平均服务次数得到的单次平均服务费 $\dfrac{p_c^M}{N} = \dfrac{\alpha + N}{2N} = r_c^T$ 与第二种模型相同。因此，这两种定价模式在平台利润侧是等价的，分布式光伏电站智慧运维云平台可以选择直接向业主收取一笔固定的会员费或者采用单次下单收费的定价模式。

此外，上述最优解可以得出平台双边的人数：$n_c = 1 - \dfrac{\alpha + N}{2\alpha}$，$n_m = 1$。以上结果表示平台利润最大化的决策下可以吸引到市场中所有运维人员加入平台，但无法吸引到所有电站业主加入运维平台。由此可以看出，运维平台的建立将有利于平台自身的经营利润，也有利于运维人员，获取信息和提供服务并获得收益，而对于电站业主群体，可能存在一些不满意平台服务的用户不愿意为此运维服务支付一定的费用，因此不会加入平台。

当然，这是基于分布式光伏电站业主具有不同的特质，对平台提供的运维服务满意程度不同的假设前提下得出的结论。可以得出，当智慧运维云平台发现他们所服务的用户具有这样的特性时，不需要为了促使所有的消费者加入平台而采取较低的服务价格甚至补贴的策略，只需要达到部分用户的需求就可以获得最大盈利额。而如果平台通过市场调研得出，所有的分布式光伏电站业主对加入平台的运维人员提供的维修服务普遍满意度较高，那么不适用于此结论，平台既能获得较高的利润，也可以吸引到所有的业主加入平台并支付维修服务。所以，当分布式光伏智慧运维云平台建立并试运营后，应当进行用户满意度调查，如果想要提高电站业主的覆盖面，就需要获得广泛的满意度，否则只能在较小范围内开展运维业务才能达到平台的盈利状态。

因此，通过模型可以得出智慧运维云平台的最优定价模式：向光伏电站业主收取一定的会员费 $p_c^M = \dfrac{\alpha + N}{2}$，并在每次订单完成向提供此服务的运维人员支付单笔订单服务补贴 $r_m^M = 1$；不向用户收取加入平台费用，在每次订单完成后向业主收取服务费 $\dfrac{\alpha + N}{2N}$，之后向运维人员支付提供服务补贴 $r_m^M = 1$。这两种定价模式是等价的，无论从电站业主侧、运维人员侧和平台方的利润方面，平台可以选择用户更容易接受的收费模式。对于需要盈利的运维平台来说，不可忽视的一点前提条件是 $\alpha > N$，其中 α 代表运维服务水平系数，只有当这一系统高于单个用户的平均服务次数时，平台才能获得盈利。所以可以得出，运维平台的建立不仅需要相关技术的支持，合理的定价，还需要高质量的运维服务。如果接入平台的运维人员水平参差不齐，可能会大大影响电站业主的满意程度，继而影响平台的利润和用户的覆盖面积。

分布式光伏电站智慧运维云平台的建立是光伏产业整合行业资源，重新构建运营维护体系的创新性举措。不但有效维系了电站业主、运维商和个体运维人员的合作关系，也为将来投资商以及国家电网的加入做好前站工作，有利于产业链资源优化，加强各参与方协同合作，实现集群一体化经营，让资金流、信息流和其他电力技术资源的转换更为紧密，共同创造更大的利益，最终实现产业资源整合的平台生态圈的建立。

8.2　分布式光伏系统商业模式设计与分析

分布式光伏作为一种高效的太阳能发电方式，其"就近发电，就近并网，就近转换，就近使用"的原则，充分利用项目当地的太阳能资源，在实现同等规模发电量的前提下，还大大减少了传统电力在升压及长途运输过程中的损耗，也不存在传统大型并网光伏电站建设所存在的并网困难、损耗较大、存在冲击等问题，可更有效替代和减少化石能源的消费，具有巨大的发展动力和广阔前景。随着光伏产业的工艺水平日益成熟以及发电的成本逐年降低，分布式光伏项目越来越显现出其产生的巨大的经济效益和社会效益。

如今在发达国家，分布式发电是一项成熟的技术，正在推广。而发展中国家例如中国，也在积极地通过政策以及补贴等手段大力推动 DG 的广泛应用。我国国家发展改革委办公厅、国家能源局综合司在 2017 年正式下发《关于开展分布式发电市场化交易试点的通知》（发改办能源〔2017〕2150 号），分布式能源在被动接受调度指令管理多年之后，开始主动参与市场交易。近年来分布式发电市场化交易的机制逐渐明确，主要包括以下运营模式：

（1）分布式发电项目直接与周边电力用户进行电力交易，交易范围首先就近实现；

（2）分布式发电项目单位委托电网企业代售电，电网企业对代理销售的电量扣除一定的代理费用；

（3）电网企业按照符合国家标准的电价收购发电项目的电量。

因此许多企业基于自己具有较大的制造场地，开始借助自己的屋顶或地面进行光伏发电。但在实际过程中，企业还需要自行探索选择适当的运营模式，不同的运营模式将直接影响到项目最终的收益情况和具体的运营实施。本章节的目的在于指导企业选择恰当的分布式发电运营模式，并为分布式发电项目经济分析提供了一种新的思路。任何一个项目的建设投资都是以获取利益为最终目的，所以在加入分布式发电项目之前，企业都会进行必要的基础情况分析，通过选择合理的运营模式，然后进行财务情况预测，最后参考其经济分析结果再决定选择何种运营模式。可见在分布式光伏项目的投资咨询阶段，对分布式发电项目进行运营模式分析及经济分析就显得尤为重要。

目前的研究更多在于分析光伏行业在现今发展过程中普遍面临的问题及相应的对策情况。涉及经济政策方面的大部分研究也都是从成本构成、经济效益和扶助政策等单方面的分析，缺乏对于分布式发电项目的区别分析。由于 PV 项目的类型不同，导致运营模式存在差异，进而可能影响最终成本效益分析的结果。他们的分析方法很多是基于特定地区的预测和模拟，没有考虑适用性较普遍的模型和结果。同时也很少有学者考虑到企业加入到分布式发电项目中来与电网存在的动态博弈关系。对于分布式发电这种重点发展领域没有进一步研究，具体将 DG 运营模式分析、经济分析与博弈模型相结合进行综合分析的研究还比较少。

本章节将分布式发电分为两种主要的运营模式，具体为：

（1）将剩余电力供应给周边用户。在 PV 电源生产电量之后，企业首先将它用来制造产品，其面临着随机的市场需求。剩余的电可以直接供给附近的用电客户使用，同样它也是面临周边用户用电的随机需求。分布式发电的用电定价遵循市场规则，以满足用户需求为主要宗旨。

(2) 将剩余电力重合到电网中。这是发电企业与电网公司合作的运营模式。企业为 PV 发电系统的投资人，系统所发电量大部分供企业自身制造产品使用，产品面临市场随机需求。剩余电量通过电力设施并入电网。电网公司收购全部的电量并且根据自身的利润水平制定收购的电价。

这两种模式的光伏发电，企业为分布式发电的主体责任人，掌握着发电、用电、PV 发电系统维护等多方面权利和负担成本。在第一种模式中企业根据销售产品和电的收益来调度自己生产多少电量和产品。第二种模式中企业与电网公司进行动态博弈，电网公司作为领导者现行制定收购的电价，随后企业根据自身的利润来决定自己生产多少产品和电量。

8.2.1 模型分析

这一部分将通过报童模型和斯塔克尔伯格博弈模型，对分布式发电的两种主要运营模式的进行成本收益分析。在分布式发电企业和电网公司都处于理性的前提下，分别确定自己的决策变量。同时本节对一些重要的外生变量进行敏感性分析，如产品销售价格、企业总产电量等，了解其对于决策变量以及企业利润等的影响。事实上，企业在进行分布式发电之前，会综合自身状况以及运营模式差异所带来的利润差异，根据自身利润最大化原则选择合适的运营模式和发电量以及产品量。

要进行分布式发电，首先需要本身具有较大的场所进行发电设施的安装，比如屋顶或者空地。所以可以假设所研究的分布式发电所有者是一家制造企业，其厂房房顶等可以提供充足的场地进行发电，这既是他加入分布式发电的重要动力，也是他需要决策自己是否引入分布式发电以及发电规模的主要依据。同时制造企业将自己所发的电力用来制造自己的主营业务产品。因为希望获得分布式发电企业在两种运营模式中的选择，并且考虑平均月度用电，所以可以认为分布式发电企业的产电量可以至少满足自身的生产需求。这部分的模型建立以及参数分析也为之后进行数值模拟，确定分布式发电企业和电网公司的最优决策提供了理论依据。两种模式的运作方式如下：

(1) 将剩余电力供应给周边用户。企业进行分布式发电后获得的电量首先用来满足企业自身的制造需求。企业的主营业务产品服务于市场，面临随机的市场需求。同时企业将剩余发电量提供给周边客户使用，其电力定价需要符合市场规则，也会面临周边用户的随机需求。

(2) 将剩余电力整合到电网中。在这个模式中需要考虑分布式发电企业与电网公司之间的动态博弈。分布式发电企业依旧将分布式发电所得的电量用来满足自身的经营制造，其产品面临随机的市场需求。而电网企业收购其产生的剩余电量，给定合理的收购价格。这两者构成一个二级供应链，电网公司作为行业垄断者是领导者，先决定自己的收购电价。分布式发电企业作为跟随者，决定自己分别生产多少电力和产品。电网企业收购的电力首先满足周边用户的随机需求，若依旧有剩余电量，则通过主电网传输到其他区域，其间产生的成本由电网承担。

这两种模式中分布式发电的投资、维护以及运行等成本都由分布式发电企业承担。分布式发电企业都是首先将产电量用于生产经营，之后再决定是将剩余电量卖给周边用户或者集中上网，博弈双方都是以利润最大化作为决策依据的。

1. 将剩余电力供应给周边用户

制造企业作为分布式发电投资人，企业利用厂房屋顶或者空地搭建光伏板发电，承担光伏系统相关建设费用，在满足自身用电需求的前提下，以 P_c 的价格直接向周边用户供电，电价 P_c 应遵循市场规则。具体参数符号的意义见表 8-1。

表 8-1　　　　　　　　　　参 数 及 模 型 假 设

符　号	意　　义
P_s	电网从企业处收购的每度电价格
P_b	电网出售给用户的每度电价格
P_c	企业出售给周边用户的每度电价格
P_t	H 产品的正常单位销售价格
P_0	H 产品的打折单位销售价格
s	H 产品的单位缺货惩罚成本
C_1	光伏发电的单位成本
C_t	电网将电运输到其他地区的单位成本
C_2	企业生产 H 产品的单位成本
r	生产单位 H 产品所花费的电量
N	企业光伏发电总量
q_2	企业生产 H 产品的总量
$D(x, P_t)$	H 产品的实际需求量
x	遵循特定概率分布的随机变量，是 H 产品的需求的一部分
$f_2(x)$	随机变量 x 所服从的概率密度函数
y	电的实际需求量
$f_1(y)$	电的需求量所服从的概率密度函数

（1）模型假设。相关假设如下：

1）企业产电量足以维持自身生产经营活动，即 $N > rq_2$。

2）企业以生产并销售 H 产品为主营业务。当市场供小于求时，H 产品以 P_t 的价格销售，缺货时企业需要承担缺货损失成本；当市场供大于求时，企业不得不对多余的 H 产品以 P_0 的价格折价销售，且 $P_0 < C_2 < P_t$。

3）假设只考虑企业生产 H 产品和产电过程中的相关变动成本，其余成本算作沉没成本。那么每卖出一件 H 产品将赚取 $P_t - C_2 - rC_1$ 元，而当产量过高导致打折出售时，企业每件 H 产品将折损 $C_2 + rC_1 - P_0$ 元；每卖出一度电将赚取 $P_c - C_1$ 元，而当所产电无法被售出时，每度电带来 C_1 元的损失。

4）为了方便说明，假设 H 产品的需求 D 中的随机变量 x 服从 $[a, b]$ 的均匀分布，用户用电需求 y 服从 $[c, d]$ 的均匀分布。

（2）模型建立与求解。在市场中，H 产品的需求 $D(x, P_t)$ 受到不仅受产品销售价格

影响，还与市场潜力有关。因此，认为 H 产品的需求是单位销售价格 P_t 和市场潜力随机变量 x 的函数，即

$$D(x, P_t) = x - \alpha P_t \qquad (8-8)$$

式中 $\alpha(\geqslant 0)$——需求对价格的敏感度，α 越大，表明价格对需求的影响越大。

根据上述假设，以报童模式为原型建立企业收益函数为

$$\Pi = \int_{-\infty}^{A} [P_t D + P_0(A-x)] f_2(x)\mathrm{d}x + \int_{A}^{+\infty} [P_t q_2 - s(x-A)] f_2(x)\mathrm{d}x$$

$$+ \int_{-\infty}^{q_1} P_c y f_1(y)\mathrm{d}y + \int_{q_1}^{+\infty} P_c q_1 f_1(y)\mathrm{d}y - C_1 N - C_2 q_2 \qquad (8-9)$$

其中，$q_1 = N - r q_2$，$A = q_2 + \alpha P_t$。

式中 $\displaystyle\int_{-\infty}^{A} [P_t D + P_0(A-x)] f_2(x)\mathrm{d}x$ ——当 H 产品的市场需求小于企业产量时企业获得的收益，此时，正常销售出的产品总量和需求 D 相等，获得的收益 $P_t D$，多余的产品数量为 $(A-x)$，通过打折销售获得的收益 $P_0(A-x)$；

$\displaystyle\int_{A}^{+\infty} [P_t q_2 - s(x-A)] f_2(x)\mathrm{d}x$ ——当 H 产品需求大于产量时企业的收益，其中，企业销售出的产品总量为 q_2，获得的收益是 $P_t q_2$，缺货部分总量为 $x-A$，带来的损失为 $s(x-A)$；

$\displaystyle\int_{-\infty}^{q_1} P_c y f_1(y)\mathrm{d}y$ ——周边用户需求小于剩余电量 q_1 时企业获得的收益；

$\displaystyle\int_{q_1}^{+\infty} P_c q_1 f_1(y)\mathrm{d}y$ ——周边用户需求大于剩余电量 q_1 时企业获得的收益；

$C_1 N$、$C_2 q_2$ ——企业发电和制造 H 产品的生产成本。

对式（8-9）分别求关于 q_2 的一阶导数、二阶导数，可得

$$\frac{\partial \Pi}{\partial q_2} = P_t + s - C_2 - (P_t + s - P_0) F_2(A) - r P_c [1 - F_1(q_1)] \qquad (8-10)$$

$$\frac{\partial^2 \Pi}{\partial q_2^2} = -(P_t + s - P_0) f_2(A) - r^2 P_c f_1(q_1) < 0 \qquad (8-11)$$

由式（8-11）可知，当 $\dfrac{\partial \Pi}{\partial q_2} = 0$ 时存在唯一解 q_2^* 使得企业收益最大。

求解 H 产品最优产量为

$$q_2^* = \frac{C_2 - P_t - s + \dfrac{(a - \alpha P_t)(P_t + s - P_0)}{a - b} + \dfrac{r P_c(N - d)}{c - d}}{\dfrac{r^2 P_c}{c - d} + \dfrac{P_t + s - P_0}{a - b}} \qquad (8-12)$$

企业最优利润为

$$\Pi^* = \frac{(A-b)[2P_t q_2^* + s(A-b)] - (A-a)[2P_t q_2^* - (P_t - P_0)(A-a)]}{2(a-b)}$$

$$+ \frac{P_c(c^2 - q_1{}^2) - 2P_c q_1(d - q_1)}{2(c-d)} - C_2 q_2^* - C_1 N \qquad (8-13)$$

因此可知，当企业在选择 Supply the remaining electricity to the surrounding users 模式时，通过将主营产品的产量确定为 q_2^*，可以得到其最大利润 π^*。

2. 将剩余电力整合到是网中

光伏发电系统包含多个参与主体，本节以企业与电网为研究对象。企业在生产销售 H 产品的同时，搭建光伏板发电，采用"自发自用，余额上网"的模式进行经营。电网则从企业处收购余电销售给用户，并在满足本地用户需求后将多余的电运输到其他地区进行销售。基于电网与企业的收益函数建立 stackelberg 博弈模型，探究电网与企业的最优决策行为。

（1）模型假设。模型假设如下：

1）企业光伏发电量 N 与其生产 H 产品用电量 rq_2 满足 $N > rq_2$。

2）电网和企业均以自身效益最大化为目标进行决策。

3）企业在满足自身生产经营活动的前提下，将剩余电量以价格 P_s 全部出售给电网，电网将收购来的电量以 P_b 出售给当地用户。电价均遵循市场规则，并且电网需面对用户市场的随机需求，在当地用户的用电需求得到满足后，电网可将额外的电运输到其他地区进行销售，运输单位成本为 C_t。

4）电网作为博弈的主导者先行决定收购电价 P_s，企业作为跟随者后决定 H 产品产量 q_2。

（2）模型建立与求解。根据上述假设，建立博弈主体的收益函数。

1）电网收益函数为

$$\Pi_1 = \int_{-\infty}^{q_1} [P_b y + (P_b - C_t)(q_1 - y)] f_1(y) \mathrm{d}y + \int_{q_1}^{+\infty} P_b q_1 f_1(y) \mathrm{d}y - P_s q_1$$

$$(8-14)$$

式中 $\int_{-\infty}^{q_1} [P_b y + (P_b - C_t)(q_1 - y)] f_1(y) \mathrm{d}y$ ——当用户用电需求小于电网收购电量时

                                                       电网的收益，其中，正常出售的电量等于用户需求 y，获得的收益 $P_b y$，超出需求部分的电量为 $q_1 - y$，获得的收益 $(P_b - C_t)(q_1 - y)$；

                       $\int_{q_1}^{+\infty} P_b q_1 f_1(y) \mathrm{d}y$ ——当用户用电需求大于电网收购电量时电网的收益，此时电网销售出全部收购电量 q_1；

                       $P_s q_1$ ——电网收购电量的成本。

企业收益函数为

$$\Pi_2 = \int_{-\infty}^{A} [P_t D + P_0(A - x)] f_2(x) \mathrm{d}x + \int_{A}^{+\infty} [P_t q_2 - s(x - A)] f_2(x) \mathrm{d}x - C_2 q_2 + P_s q_1 - C_1 N$$

$$(8-15)$$

式中 $\displaystyle\int_{-\infty}^{A}\left[P_t D + P_0(A-x)\right]f_2(x)\mathrm{d}x$ ——当 H 产品的市场需求小于企业产量时企业

获得的收益，此时，正常销售出的产品总量和需求 D 相等，获得的收益 $P_t D$，多余的产品数量为 $(A-x)$，通过打折销售获得的收益 $P_0(A-x)$；

$\displaystyle\int_{A}^{+\infty}\left[P_t q_2 - s(x-A)\right]f_2(x)\mathrm{d}x$ ——当 H 产品需求大于产量时企业的收益，其

中，企业销售出的产品总量为 q_2，获得的收益是 $P_t q_2$，缺货部分总量为 $x-A$，带来的损失为 $s(x-A)$；

$P_s q_1$ ——企业将剩余电量出售给电网所获得的收益；

$C_1 N$、$C_2 q_2$ ——企业发电和制造 H 产品的生产成本。

采用逆推归纳法对模型进行求解，首先求 Π_2 关于 q_2 的一阶偏导 $\dfrac{\partial\Pi_2}{\partial q_2}$，得到

$$\frac{\partial\Pi_2}{\partial q_2}=P_t+s-C_2+(P_0-s-P_t)F_2(A)-rP_s \tag{8-16}$$

要使得企业收益 Π_2 取得最大值，则须满足条件 $\dfrac{\partial\Pi_2}{\partial q_2}=0$，求得

$$F_2(A)=\frac{P_t+s-C_2-rP_s}{P_t+s-P_0} \tag{8-17}$$

即此时 H 产品产量为

$$q_2^{**}=F_2^{-1}(B)-\alpha P_t \tag{8-18}$$

其中

$$B=\frac{P_t+s-C_2-rP_s}{P_t+s-P_0}$$

对式（8-14）求关于 P_s 的一阶导数可得

$$\frac{\partial q_2^{**}}{\partial P_s}=\frac{-r}{(P_t+s-P_0)f_2(q_2^*+\alpha P_t)} \tag{8-19}$$

对电网收益 Π_1 求关于 P_s 的一阶导并令其等于 0，得到

$$-r(P_b-P_s)\frac{\partial q_2^*}{\partial P_s}+rC_t F_1(q_1)\frac{\partial q_2^*}{\partial P_s}-(N-rq_2^*)=0 \tag{8-20}$$

最优产量 q_2^{**}、最优收购电价 P_s^{**}

$$q_2^{**}=\frac{C_t r^2(a-b)(N-c)+(d-c)NM+r(d-c)\left[(b-a)(C_2+P_b r)+L-\alpha P_t M\right]}{C_t r^3(a-b)-2r(c-d)M} \tag{8-21}$$

$$P_s^{**}=\frac{\left[MN+r(a-b)(C_2-P_b r)+r(\alpha P_t M-L)\right]\left[(c-d)M-(a-b)C_t r^2\right]+(a-b)C_t r^2\left[cM-(a-b)P_b r^2\right]}{r^2(a-b)\left[(a-b)C_t r^2-2(c-d)M\right]} \tag{8-22}$$

其中

$$L=aP_0-b(P_t+s), M=P_0-P_t-s$$

企业最优收益为

$$\Pi_2^{**} = \frac{(A-b)\left[2P_t q_2^{**} + s(A-b)\right]}{2(a-b)} - \frac{(A-a)\left[2P_t q_2^{**} - (P_t-P_0)(A-a)\right]}{2(a-b)}$$
$$+ P_s^{**} q_1 - C_2 q_2^{**} - C_1 N \tag{8-23}$$

因此可知，当企业在选择等剩余电力整合到电网中模式时，电网公司会首先确定自己的最优收购价 P_s^{**}，以达到自己的利润最大化。随后 DG 企业会将自己的主营产品的产量确定为 q_2^{**}，来得到其最大利润 π_2^*。

8.2.2 敏感性分析

这一部分将对前两部分模型中获得的决策变量以及最终利润等进行敏感性分析。选择的主要参数为总的发电量 N 和生产单位 H 产品所花费的电量 r。在实际生活中，企业主要利用厂房屋顶及地板搭建光伏板进行发电。所以企业的总发电量实际上处于一个可控的变动范围。分布式发电企业可以通过准许更多或者更少的屋顶等进行分布式发电，从而影响其总发电量，这也影响了企业投入的资产。从政策来讲，政府鼓励社会成员参与到分布式发电中来。但企业具体投入多少分布式发电设备，是否投入越多越好，这些问题依旧是企业加入分布式发电之前要必须面对的决策。所以对 N 的敏感性分析是十分有必要的。同时成本电量 r 也因为不同的企业生产不同的产品而发生变化，这可能会对企业决策主营业务产品的产量造成一定的影响，所以可以将 r 作为分析变量之一。

通过分析 N 对各个变量的影响，可以了解到，随着总产电量的增加，企业总是会增加其主营产品的产量，并且存在特定的线性关系。同时 N 对于分布式发电企业在两种模式中的利润都有不同程度的影响。当满足一定条件时，两种模式中的分布式发电企业的利润都会随着 N 的增加出现先上升后下降的趋势，这也将在数值模拟部分得到分析和证明。通过对 r 的分析可知，当分布式发电企业选择第一种运营模式时，企业的产品产量 q_2^* 会随着 r 的增加呈现线性下降的趋势。

（1）分布式发电企业在两种模式下 H 产品的最优产量 q_2^*、q_2^{**} 与光伏发电总量 N 呈线性关系增长。

对 q_2^*、q_2^{**}、求关于光伏发电总量 N 的一阶导数可得

$$\frac{\partial q_2^*}{\partial N} = \frac{rP_c}{r^2 P_c - M\dfrac{d-c}{b-a}} \tag{8-24}$$

$$\frac{\partial q_2^{**}}{\partial N} = \frac{\left[C_t r^2(b-a) - (d-c)M\right]M}{r^2\left[2M(d-c) - C_t r^2(b-a)\right]} \tag{8-25}$$

由于 $M = P_0 - P_t - s < 0$，易证得 $\dfrac{\partial q_2^*}{\partial N}$、$\dfrac{\partial q_2^{**}}{\partial N}$ 均为恒大于 0 的常数，即随着光伏发电总量 N 的增加，产量 q_2 不断增加。这是因为企业投入更多电力设施后，可以获得更多电量。但是周边用户需要的电量其实是在一定范围内变化的，并不会突然增长很多。所以企业会投入更多的电力来制造主营业务产品，以期望获得更多的利润。

（2）当分布式发电企业选择与电网公司交易时，电网公司的收购电价 P_s^{**} 会随着企业的总发电量增加而呈现线性下降。

对 P_2^{**} 求关于光伏发电总量 N 的一阶导数可得

$$\frac{\partial P_s^{**}}{\partial N} = \frac{C_t r^2 (b-a) - M(d-c)}{r^2 \left[2M(d-c) - C_t r^2 (b-a) \right]} \tag{8-26}$$

易证得 $\dfrac{\partial P_s^{**}}{\partial N}$ 为恒小于 0 的常数,即随着光伏发电总量 N 的增加,电网收购电价 P_s 不断减小。这是因为电网公司从企业收购的电力首先供给周边用户进行使用,这里所需要的消耗的成本是很少的。但一个区域的用户的用电量是在一个范围内合理波动的。一旦收购的电量过多,就需要将剩余的电量传输到其他区域,这就会造成额外的成本。所以电网会通过降低收购价格来控制企业不要发过多电力,以免造成不必要的资源浪费。

第9章 分布式光伏扶贫电站商业模式

近年来，中国政府制定了大量支持光伏扶贫的方针政策，光伏扶贫得到前所未有的重视，本章将对光伏扶贫地区分布式开发利用中的商业模式进行介绍。首先对我国分布式光伏的扶贫政策、补贴政策、消纳政策进行梳理；其次，分析扶贫地区分布式光伏接入4种模式；再次以目前广泛使用的村级光伏扶贫电站模式为主，分析两种主要微电网运营策略。并对其商业模式、盈利模式进行分析。然后，对分布式光伏扶贫项目在4种投建模式建设中的问题进行梳理。最后，介绍光伏扶贫地区分布式光伏发展保障策略。

9.1 分布式光伏相关政策

9.1.1 分布式光伏扶贫政策

2014年10月，国务院扶贫办和国家能源局联合印发《关于组织开展光伏扶贫工程试点工作的通知》（简称《通知》），提出在山西、安徽、甘肃、青海、宁夏等6省（自治区）37个县开展试点。《通知》指出要通过支持片区县和国家扶贫开发工作重点县内已建档立卡贫困户安装分布式光伏发电系统，增加贫困人口基本生活收入；要因地制宜，利用贫困地区荒山荒坡、农业大棚等建设光伏电站，增加贫困人口收入。

2016年12月，国家能源局印发《太阳能发展"十三五"规划》（国能新能〔2016〕354号），明确大力推进分布式光伏扶贫、鼓励建设光伏农业工程、创新光伏扶贫模式等多种开展光伏扶贫工作的重点任务和政策意见。

2018年3月，国家能源局和国务院扶贫办联合印发《光伏扶贫电站管理办法》（国能发新能〔2018〕29号），该办法明确光伏扶贫是资产收益扶贫的有效方式，是产业扶贫的有效途径；明确光伏扶贫电站原则上应在建档立卡贫困村按照村级电站方式建设，对于促进光伏扶贫工作规范化，切实保障光伏扶贫实施效果发挥重要作用。

9.1.2 分布式光伏补贴政策分析

2017年12月，国家发改委印发《关于2018年光伏发电项目价格政策的通知》（发改价格规〔2017〕2196号），该通知规定，降低2018年1月1日之后投运的光伏电站标杆上网电价，Ⅰ、Ⅱ、Ⅲ类资源区标杆上网电价分别调整为0.55元/kWh、0.65元/kWh、0.75元/kWh（含税）。自2019年起，纳入财政补贴年度规模管理的光伏发电项目全部按投运时间执行对应的标杆电价。2018年全国光伏发电上网电价见表9-1。

9.1.3 分布式光伏消纳政策分析

2015年10月，国家发展改革委印发《开展可再生能源就近消纳试点的通知》（发改办运行〔2015〕2534号），该通知明确，在可再生能源富集地区，一方面要积极加强输电

表 9 - 1　　　　　　　　　　2018 年全国光伏发电上网电价　　　　　　　　　　单位：元/kWh

资源区	光伏电站标杆上网电价		分布式发电度电补贴标准		各资源区所包含的地区
	普通电站	村级光伏扶贫电站	普通项目	分布式光伏扶贫	
Ⅰ类	0.55	0.65	0.37	0.42	宁夏，青海海西，甘肃武威、张掖、酒泉、敦煌、金昌，新疆哈密、塔城、阿勒泰、克拉玛依，内蒙古除赤峰、通辽、兴安盟、呼伦贝尔以外地区
Ⅱ类	0.65	0.75	0.37	0.42	北京，天津，黑龙江，吉林，辽宁，四川，云南，内蒙古赤峰、通辽、兴安盟、呼伦贝尔，河北承德、张家口、唐山、秦皇岛，山西大同、阳泉，湖北荆州，山东沂州，陕西榆林、延安，青海，甘肃，新疆除Ⅰ类资源区以外的其他地区
Ⅲ类	0.75	0.85	0.37	0.42	除Ⅰ类、Ⅱ类资源区以外的其他地区

通道和配电网建设，促进可再生能源外送，扩大消纳范围；另一方面要以可再生能源为主、传统能源调峰配合形成局域电网，减少外送线路建设需求，促进可再生能源积极消纳的良性循环。

2016 年 3 月，国家发展改革委员会印发《可再生能源发电全额保障性收购管理办法》（发改能源〔2016〕625 号），该办法提出了保障性收购电量和市场交易电量的划分，在通过计划方式优先安排一部分保障性发电量，保障可再生能源项目合理收益的同时，使其超出保障性范围的发电量参与市场交易。

2018 年 10 月，国家能源局印发《清洁能源消纳行动计划（2018—2020 年）》（发改能源〔2018〕1575 号），该计划提出了更加有力有效促进清洁能源消纳的措施，形成全社会促进清洁能源消纳的工作合力，推动建立清洁能源消纳的长效机制，为促进清洁能源高质量发展、推动我国能源结构调整提供可靠保障。

9.1.4　分布式光伏扶贫成果

光伏扶贫是从能源角度实现精准扶贫的有效途径，也是增加贫困户收入、造福贫困地区的惠民工程。光伏扶贫作为国务院扶贫办确定实施的"十大精准扶贫工程"之一，是实施精准扶贫、精准脱贫的重要举措，是推进产业扶贫的有效措施，是造福贫困地区、贫困群众的民生工程。党的十八大以来，中共中央结合能源产业特点，积极探索发展光伏扶贫模式。2014 年，启动了光伏扶贫试点工作，2015 年下达了安徽、河北、山西、宁夏、甘肃、青海共 6 省（自治区）光伏扶贫试点专项建设规模 150 万 kW。2016 年，国务院扶贫办和国家能源局联合印发了《关于实施光伏发电扶贫工作的意见》，光伏扶贫在全国全面展开。2017 年底，光伏扶贫项目累计建成规模 1011 万 kW，涉及 25 个省（自治区、直辖市）940 个县，直接惠及约 3 万个贫困村的 164.6 万户贫困户。截至 2018 年 9 月，累计下达光伏扶贫规模 1544 万 kW，已在全国 26 个省（自治区、直辖市）建成并网光伏扶贫项目 1363 万 kW，累计帮扶 224 万建档立卡贫困户。光伏扶贫项目开启了扶贫开发由"输血式扶贫"向"精准扶贫"的转变，一次投入、长期受益。从光伏产业角度看，实现了拉动产业发展、光伏应用与农村资源的有效利用。光伏扶贫取得的成绩有目共睹。

9.2 光伏扶贫地区分布式接入与投运模式研究

9.2.1 模式一：户用分布式光伏扶贫模式

户用分布式光伏扶贫模式如图 9-1 所示。

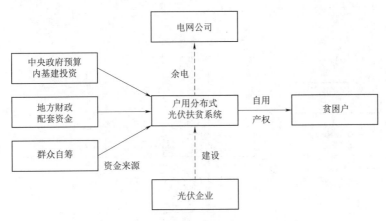

图 9-1 户用分布式光伏扶贫模式

模式一利用贫困户屋顶或闲置空地，采用"斜屋面、平屋顶、房前屋后空地"3 种建设类型，资金来源为"中央政府预算内基建投资＋地方政府财政配套＋群众自筹"，产权归贫困户。每户统一设计规模的光伏发电系统，日常管护由贫困户负责。采用"自发自用、余电上网"的并网方式，发电直接供给贫困户生活需要，减少贫困户对电网的依赖，余电并网销售给电网公司，售电收益和发电补贴归贫困户所有。

9.2.2 模式二：村级光伏扶贫电站模式

村级光伏扶贫电站模式如图 9-2 所示。

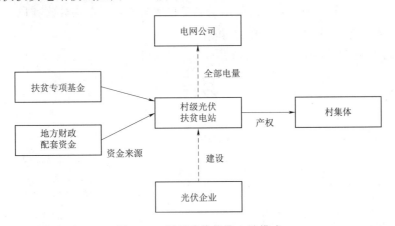

图 9-2 村级光伏扶贫电站模式

模式二利用贫困村荒山荒坡、村头空地或农业设施等未利用区域建设规模 60kW 的村级光伏电站，采用"统一设计、集中建设、全额上网、统一管护"的开发方案，资金来源为"扶贫专项资金＋地方政府财政配套",产权归村集体。日常管护由村集体安排人员负责,全部电量由电网公司收购,售电收益和发电补贴按照比例分给贫困户和村集体。村集体可将收益用作集体设施和村级公益事业,为部分劳动力提供就业,也可扶持无劳动能力、无经济来源的深度贫困户。

9.2.3　模式三:联村式光伏扶贫电站模式

联村式光伏扶贫电站模式如图 9-3 所示。

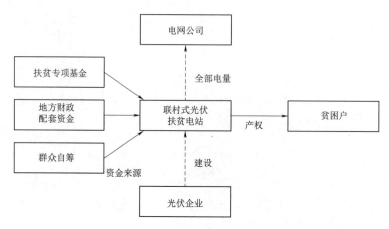

图 9-3　联村式光伏扶贫电站模式

模式三属于"小飞地模式"。根据贫困户房屋破旧且房屋周围无空地的情况,多个贫困村联合选择在光照条件好、交通相对便利、并网条件较好的区域集中建设光伏扶贫电站,资金来源为"扶贫专项资金＋地方政府财政配套＋群众自筹",产权归贫困户所有。每户平均设计规模 3kW,日常管护由专职贫困户负责。采用"全额上网"的并网方式,全部电量由电网公司按上网电价收购,电网公司每月将收益拨付银行专户,由扶贫办扣除施工单位垫资款、工程管护费、土地租用费、工程运维基金后平均分配到户。

9.2.4　模式四:集中式光伏扶贫电站模式

集中式光伏扶贫电站模式如图 9-4 所示。

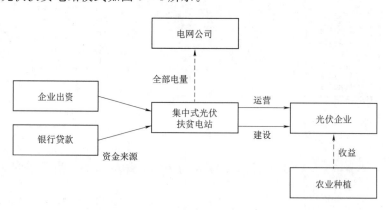

图 9-4　集中式光伏扶贫电站模式

模式四利用贫困乡镇大面积荒山或空地，采用"BOO"（建设-拥有-经营）模式承建10MW 以上的大型光伏电站，资金来源为"企业出资＋银行贷款"，产权归投资企业。此模式采用"流转土地、分块发电、集中并网、农光互补"的开发方案，采用光伏阵列间种植农作物实现土地空间立体化应用。企业负责自身管护与运维，一方面通过发电上网，获得卖电收益和发电补贴，另一方面通过农业种植经营增收，电站收入可用于返还银行贷款、承担扶贫责任和土地费用。

在实际应用中，模式一与模式三因为发电规模小，后期维护成本高昂，从性价比视角分析，均不具备推广价值。模式四从经营规模分析，具有投建的意义，但该模式由于投资规模大，后期运维成本较高，并且由于与农业种植与管理混合运行，管理过程较为复杂。综上，4 种模式中模式二具有一定的规模优势，管理难度适中，具有较好的推广价值。

9.3　微电网运维商业模式分析

由于模式二有较高的研究价值，所以本节将针对模式二开展微电网管控运营策略的商业模式分析。在该模式下主要有两种电力消纳方法，一种为"自发自用＋直接上网"方式；另一种为"自发自用＋储能系统＋隔墙供电"方式。

1."自发自用＋直接上网"方式

光伏微电网运营策略模型一如图 9-5 所示。

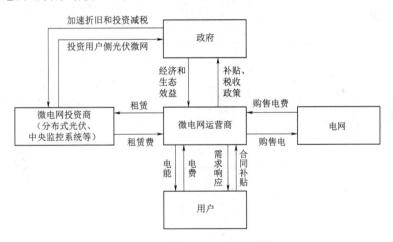

图 9-5　光伏微电网运营策略模型一

模型一涉及的主体包括政府、微网投资商、微网运营商、电网及村级光伏电站。为分析简单，将微电网投资商与运营商考虑为同一个主体。微电网运营商作为电力公司和村级光伏电站以及用户间的中间商，负责投资、运营和管理微网，需综合考虑各主体的利益。首先，微网运营商与电网之间签订合同，可要求微网与电网之间采用合适的供需平衡方式，便于电网平衡负荷曲线和提高供电可靠性；其次，用户、村级光伏电站与微电网运营商签订合同，用户从微电网的购电价格低于直接从电网购电的价格，村级光伏电站发电消纳可直接接入电网，其电价为国家规定的光伏发电接入电价。

该运营策略下，一方面，村级电站可以将发电直接供应村级用户日间使用，在夜间，村民用电时，可以享受电网峰谷电价；另一方面，在日间，可以将富余电量上网，获取售电收益。

模型一下的各个主体收益表达如下：

(1) 典型光伏微电网内能源交换为

$$W_d(t) = W_{pv}(t) + W_i(t) - W_e(t) \tag{9-1}$$

式中 $W_d(t)$——时段 t 负荷功率，kW；

$W_{pv}(t)$——时段 t 光伏出力，kW；

$W_i(t)$——时段 t 微电网从大电网购电功率，kW；

$W_e(t)$——时段 t 微电网光伏上网功率，kW。

(2) 微电网运营商、电网和用户的收益分别为

$$R_o = \sum_{t=1}^{24} \left[P_d(t)W_d(t) + P_e(t)W_e(t) - P_i(t)W_i(t) + P_{pv}W_{pv}(t) \right] \tag{9-2}$$

$$R_g = \sum_{t=1}^{24} \left[-P_e(t)W_e(t) + P_i(t)W_i(t) \right] \tag{9-3}$$

$$R_c = \sum_{t=1}^{24} \left[P_i(t) - P_c(t) \right] W_c(t) \tag{9-4}$$

式中 R_o, R_g, R_c——典型微电网运营商、电网和用户收益，元；

$P_c(t), P_e(t), P_i(t), P_{pv}(t)$——时段 t 用户用电电价、微网内光伏上网电价、大电网购电电价，政府给予的光伏补贴电价，元/kWh。

2. 自发自用＋储能系统＋隔墙供电方式

光伏微电网运营策略模型二如图 9-6 所示。

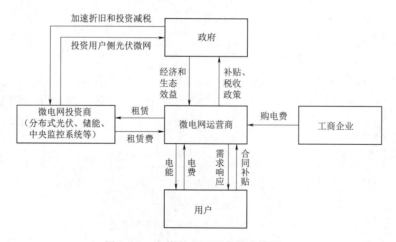

图 9-6 光伏微电网运营策略模型二

模型二涉及的主体包括政府、微网投资商、微网运营商、电网及村级光伏电站。与模型一相同，为分析简单，将微电网投资商与运营商考虑为同一个主体。该模型下，考虑村级光伏电站作为电力的主要供应者，主要供应村民用电，同时需要供应村级或周边地区工商业主的电力供应任务。微电网运营商需综合考虑各主体的利益。为能够持续满足工商业主的用电需求，此时，微电网运营商需要投建储能系统以满足村民用电与工商业主用电需要。该策略下微电网运营商可以获得村民用电收益以及工商业主用电收益。

模型二下的各个主体收益表达如下：

(1) 典型光伏微电网内能源交换为

$$W_d^l(t) = W_{pv}(t) + W_b(t) \qquad (9-5)$$

式中　　$W_d^l(t)$，$W_{pv}(t)$——时段 t 负荷功率、光伏出力功率，kW；

　　　　　$W_b(t)$——时段 t 储能充放电功率，放电为正，充电为负，kW。

(2) 微电网运营商、电网和用户的收益分别为

$$R_o = \sum_{t=1}^{24} [(P_d(t) + P_s(t))W_d(t) + P_{pv}W_{pv}(t)] \qquad (9-6)$$

$$R_g = \sum_{t=1}^{24} [P_i^1(t)W_c(t) + P_i^2 W_d(t) - P_{pv}(t)W_{pv}(t)] \qquad (9-7)$$

$$R_c = \sum_{t=1}^{24} [P_i^1(t) - P_c(t) + P_i^2 - P_s(t)]W_c(t) \qquad (9-8)$$

式中　　　　R_o，R_g，R_c——典型微电网运营商、电网和用户收益，元；

$P_c(t)$，$P_s(t)$，$P_i^1(t)$，P_i^2——时段 t 村民用户用电电价、工商企业用户电价、村民用户的大电网购电电价，工商企业用户的大网购电电价，元/kWh。

9.4　分布式光伏扶贫项目 4 种投建模式建设中的问题

9.4.1　项目建设资金缺乏

光伏产业属于资本密集型产业，而光伏产业扶贫项目建设资金缺乏问题是光伏产业扶贫工程存在的最大的问题，制约着光伏产业扶贫的长足发展。资金缺乏主要指光伏产业扶贫项目建设需要投资的资金（财政资金、企业资本、金融资本、贫困户自筹）筹集不到位，这将直接影响扶贫效果。光伏产业扶贫项目的建设资金来源主要有 3 个：①政府扶贫资金；②贫困户自筹和贷款；③企业投资或捐赠。在资金方面相应面临的挑战有：①国家扶贫资金有限；②贫困户缺乏资金；③企业参与度不高。

光伏产业扶贫项目工程浩大，光伏电站前期投资成本较大，项目收益回收周期较长，在资金来源不同的扶贫模式下，项目建设资金缺乏是核心问题，而且我国光伏产业扶贫可持续发展愿景下依靠政府对光伏产业扶贫有限的资金和补贴是不可取的，目前我国光伏投资企业的垫付能力不强，不能满足光伏产业扶贫项目的前期资金投入，尤其对于一些特别贫困的地区，贫困户需要筹集的资金也是难以承担，这对于我国光伏产业扶贫可持续发展带来极大的挑战。

贫困户贷款的光伏产业扶贫模式下，对于特别贫困的农户可以申请低息银行贷款进行融资，但目前我国的一般银行贷款依然采取传统繁杂的贷款程序，其回款慢、收益很低，一般银行对这类项目的放贷不畅，贫困户作为承贷主体处于弱势地位，融资渠道不畅通，国家的扶贫贴息政策对贫困户和贫困村的直接带动作用不明显，从而导致光伏产业扶贫项目在资金融资方面存在难题，光伏产业扶贫模式下的项目开展将达不到预期效果。

9.4.2　扶贫收益依赖补贴

光伏产业扶贫确实可以带动贫困户实现增收，但目前我国光伏产业扶贫还严重地依赖

政府补贴来帮助贫困实现稳定收入，同时还存在收益结算滞后，这对于我国光伏产业扶贫在全国范围内推广实施，不具有可持续性。通过对光伏产业扶贫机制、模式及实地考察发现，由于是国家政策扶持试点地区开展光伏产业扶贫工程，目前我国光伏产业扶贫在一定程度上收益依赖国家补贴。这是由于光伏产业发电成本较高，每度电上网电价远高于火力发电的上网电价，收益需要依赖国家财政补贴。在 2018 年 1 月 1 日以前，光伏发电不论哪种上网形式的光伏产业扶贫模式，国家均直接补贴 0.42 元/kWh，在不同地区还有地方政府补贴，虽然光伏产业随着科技快速发展，光伏发电上网电价逐年在下降，但政府补贴依然是贫困户主要收益来源。

例如，山西省天镇县光伏产业扶贫标杆上网电价 0.75 元/kWh，补贴 0.42 元/kWh，脱硫煤电价 0.332 元/kWh，国家补贴比脱硫煤电价高，占到标杆上网电价的 56%，可以直观地看到我国光伏产业扶贫电站的发电收益一半以上靠的是国家补贴，补贴成为光伏产业扶贫收益主要来源。从经济学角度来看，光伏产业扶贫前期投资较大，依赖国家政策支持和企业资本的加入，光伏产业扶贫才得以顺利开展，从出资模式来看贫困户看似不存在前期建设资金投资困难，并且还能获得稳定的收益，这对于贫困户来说确实起到扶贫效果，但是对收益分配深入分析后，发现由于光伏产业市场还未完全打开，成本较高，因此光伏产业扶贫前期投入高，若没有政府的补贴，光伏产业扶贫很难进行下去。

在 4 种模式运作中，还发现发电收益不能按时兑现，特别是政府补贴的部分会出现延迟结果。由于政府补贴根据发电量进行结算，中间需要一定的时间进行审批核算，故存在收益结算滞后现象，不能及时获得补贴资金，在上级补贴不能及时拨付的情况下，需要县政府拿出大量资金先行补贴，这将会大大加大县财政压力。除此之外，一些企业在追求资金补贴的利益驱动下，难免有一些企业和技术含量不高的产品混入光伏产业扶贫的队伍。一方面可能是因为资金和收益选择小企业承办，另一方面存在企业低价竞标等原因导致的光伏产品质量没有保障，最终导致贫困户收益大打折扣，未能实现 25 年收益。这些都会对光伏产业扶贫可持续发展产生阻碍。

9.4.3 后期运维保障不足

我国光伏产业扶贫后期运维保障不足，主要表现在缺乏对后期运维管理作出相关说明的政策文件，还有一些贫困地区电站比较分散以及实施模式的原因增加了后期运维管理的难度，同时不同的光伏产业扶贫模式有不同的后期运维问题，导致光伏产业扶贫后期运维存在保障不足的挑战。为了保障光伏产业扶贫电站发电量以及 25 年生命周期，需要定期对光伏系统进行维护，光伏电站主要的维护工作是擦拭组件，但是不同地区雨季时长不同，相应的系统维护工作安排也将不同。

实地调研发现每个村级光伏电站或更大的集中式电站都会有专人看守，但还需要专门负责光伏产业扶贫电站的后期维护人员对其进行定期擦拭，使得光照被光伏板很好地接收转换。除此之外，贫困地区经常发生盗窃和恶意破坏电站的事件，可能会对后期光伏产业扶贫电站的维运造成困难，雇专人看守光伏产业扶贫电站中的组件等设备可以避免或减少此类事件的发生，因此后期维护是非常有必要的。

例如，通过对农光互补光伏产业扶贫模式的实地勘查，因对运维人员要求具备特种高空和电工双重作业能力和执业能力证书，同时清洗光伏组件耗费人力较多，故面临后期运维挑战。并且对于一些贫困地区存在的人口居住分散，光伏电站的实施模式为户用分布式发电系统模式和村级光伏电站模式，若选择户用分布式发电系统模式具有分散性、发电量输送不集中、发电效用未能实现最大化等特点，就会导致成本增加和后期维护困难的问题，保证 20~25 年的长期稳定收益也将受到质疑。而且户用分布式发电系统模式针对农户房屋有相关要求，对于贫困户房屋不符合的农户则不能安装光伏电站。这些问题在一定程度上制约着政府工作的顺利开展和实施，最终导致贫困户未来的收益难以得到有效的保证。

综上所述，可以得出我国光伏产业扶贫可持续发展进程中面临后期运维保障不足的挑战，将影响光伏电站发电量，进而影响发电收益，贫困户收益不能得到保障，其扶贫效果降低、可持续发展受到质疑。

9.5 促进光伏产业扶贫可持续发展的对策建议

为了促进我国光伏产业扶贫在全国范围内推广，需要建立完善的光伏产业扶贫体系，全面考量光伏产业扶贫发展的需要，根据政府政策指导，选择合适的光伏产业扶贫模式和出资方式，提出促进我国光伏产业扶贫可持续发展的对策建议。

9.5.1 政府引导缓解资金缺乏

充分运用政府"有形的手"进行资金筹集支持光伏产业扶贫项目。我国政府要结合实际情况，拓宽资金渠道，多方位筹集扶贫资金，提高企业的参与度，出台一些鼓励企业参与、银行给予农民惠民贷款等优惠政策。针对项目建设资金缺乏的挑战建议政府开办光伏产业扶贫专项基金，对于需要资金帮助的省份给予资金帮助，严格把关光伏产业扶贫资的投资，强化地方政府各级官员对于国家优惠政策的理解，帮助贫困户找到解决融资难的路径。

政府对于光伏产业扶贫项目面临资金缺乏的挑战可以采取金融支持，这需要各大企业和银行机构协同合作。政策性发展银行和商业银行，应该及时编制光伏产业扶贫金融服务方案、研究创新贷款模式、优化担保方式、加大信贷支持力度，简化贫困户贷款程序。比如，开展光伏产业扶贫专项扶贫贷款业务，对于贷款期限延长和利息下降的优惠贷款给予大力落实专项贷款，在政府大力支持下推动光伏精准扶贫。

政府需要做好引导，调动企业和贫困户参与融资的积极性。国家补贴毕竟是有限的，让光伏企业和贫困户承担不同比例的建设费用，充分利用政府出台的光伏产业扶贫优惠政策，如政府积极引进民营企业的加入，提高企业的参与度。鼓励包括银行在内的金融机构为光伏产业扶贫提供低成本融资，同时加强光伏企业实施光伏产业扶贫项目的科学性，增强贫困户主观能动性和主体意识，以解决建设资金缺乏的挑战。还可以搭建专门承担光伏产业扶贫开发的投融资主体，由其统一实施、统一承贷、选择建设光伏电站的企业、统一落实政府购买服务，即 PPP 光伏产业扶贫融资方式。

综上所述，由于政府扶贫资金有限，且不具有可持续，因此合理利用政府"有形的手"引导，调动民营企业参与积极性，引导金融支持，给予贫困户贷款优惠政策，以缓解光伏产业扶贫建设资金缺乏的挑战。

9.5.2 技术进步促使发电成本下降

光伏产业扶贫是一项关乎 20 多年收益的民生工程，但是由于政府政策的支持，光伏发电补贴成为贫困户收益主要来源，为了解决这一问题，需要充分与运用政府这只"有形的手"，破解光伏产业扶贫严重依赖补贴获得收益。

随着光伏企业技术进步和新技术发展，光伏应用也将呈现出多样化融合发展的趋势，在政府政策的鼓励支持下，光伏产业与扶贫、农业、互联网等领域不断融合，刺激了光伏产业的发展。同时，有实力的大企业加入光伏产业扶贫，就会减少光伏产品质量问题和后期运维困难等问题。

政府一方面可以在一定区域范围内，颁布统一光伏产业扶贫项目技术要求等的方案通知，进行统一招标，有了一定规模和数量以后，大型光伏企业就更容易介入，这样就可以让专业化有实力的大企业来做光伏产业扶贫项目。另一方面政府可以鼓励光伏企业在光伏产品成本上做文章，在技术进步的推动下实现光伏产品成本降低，在光伏产业扶贫项目的实践中，要充分发挥财政资金和政府采购支持光伏发电技术进步的作用，采取差别化的市场准入标准和支持政策，加速淘汰技术落后产品，支持先进技术产品扩大市场，调动企业创新技术的积极性，从而降低光伏发电成本，不依赖国家补贴最终实现光伏产业发电平价上网结果。支持鼓励有专业化水平的大企业参与光伏产业扶贫项目，保障光伏产品质量问题，同时可以由政府牵头，选择一批有实力、有经验、有社会公益心的大型光伏企业，以行政区域划分进行统一规划、项目实施、后期运维管理，以确保建设质量，并且鼓励承担光伏产业扶贫项目的企业特别是实力和资金雄厚的光伏企业通过科技创新和科技进步，加快光伏产品成本下降的步伐，尽早使得贫困户摆脱政府给予的补贴收益。

对于光伏发电收益补贴延迟发放的现象，政府需要加快落实补贴发放，可以采取成立专门部门统一管理分配，将复杂申报程序简单化，开辟绿色通道，以解决延迟发放补贴收益，同时以优先发放贫困户收益为原则。

9.5.3 光伏企业做好后期运维

针对后期运维困难的挑战，可以借鉴山西省天镇县后期运维管理模式，建立健全光伏产业扶贫项目建设相关资质管理、质量管理、竣工验收、运行维护、信息管理等全过程质量监管体系，依托平台公司做好后期运维管理工作。该平台公司聘用自动化专业持有电工证等专业人才团队以及专门清洗光伏组件团队，并通过互联网对各个光伏产业扶贫电站做实时监测分析，保障后期运维管理。对此，光伏企业为了做好后期运维管理，需要吸纳大量涉及光伏电站运维相关专业的专门人才，主要进行电站检修、技改、后期监管、定期清洁组件和安全管理等。光伏产业扶贫承建企业应该树立以贫困户为中心的理念，注重产品质量和后期运维服务，实现多元化的营销策略，只有质量上去了，才能保障光伏产业扶贫项目寿命和 25 年稳定收益，也才能带来创收脱贫的结果。同时政府应该出台对后期运维管理相关政策以针对后期维运给出指导意见，光伏企业应该建立一套完整的过程质量管理体系，并且对于户用分布式光伏发电系统，教贫困户怎么做好简单的后期运维工作，有了完善的后期运维全套管理系统对于光伏产业扶贫实现 25 年稳定收益增加筹码。对于分散式的户用分布式电站和小型电站模式，注重产品质量和后期管护，从选址到扶贫模式选择阶段开始监管，同时需要聘请专人看守和专业人员擦拭光伏组件，争取确保其长期稳定运行,为贫困户带来更持久的创收脱贫做好保障工作。

除此之外,还应建立健全光伏产业扶贫项目全程监管体系和问责机制。从项目开始到结束都要有一套严格的程序和监管评价机制。首先,地方政府从项目实施开始监管,做好相关资质管理、质量管理、项目验收、运行维护、信息管理等全过程质量监管体系,以确保光伏产业扶贫项目科学落实,保证长期稳定运行。

其次,地方政府需要全力支持项目开展,作为项目实施的后盾,保障光伏产业扶贫项目顺利落实和产生稳定收益。光伏企业愿意接手光伏产业扶贫项目,一方面是建立在地方政府已经把并网和用地问题等处理好的前提下,这样既可以节省时间,还可以节省成本;另一方面是因为光伏产业扶贫项目属于扶贫公益项目,企业通过承建可以达到品牌宣传的效果。

最后,要加大光伏产业扶贫的问责力度,针对光伏产业扶贫工作中出现的问题要严格追责,以确保光伏产业扶贫项目精准扶贫工作落到实处,同时可以加强各个环节在该问责制度压力下做好本职工作。